# 鱼病鉴别诊断图谱
# 与安全用药　铂金视频版

袁　圣　赵　哲　冯东岳　蔡　佳
罗洪林　章晋勇　王雅丽　　　著

机械工业出版社

本书由著者根据多年鱼病临床诊疗经验结合大量实操案例、研究成果和国内外鱼病研究进展撰写而成，是以鱼病临床表现为线索，根据症状、病理剖检变化认识鱼病，通过综合分析和鉴别诊断来确诊鱼病，采用科学用药措施，达到防控鱼病的目标。书中附有临床症状、病理剖检变化等彩色图片近 700 幅，可以让水产养殖者按图索骥，迅速确诊疾病。同时，书中配有鱼病临床症状和剖检病变的视频 60 个，以二维码的形式表现，读者可以扫描相应位置的二维码（建议在 Wi-Fi 环境下扫码）进行观看。全书共分 11 章，包括运动异常对应鱼病的临床快速诊断与防治、鱼体标准化检查时各器官病变对应鱼病的临床快速诊断与防治及混合感染鱼病的防控策略。全书图片清晰，症状典型，防控方法科学、实用、有效，关于混合感染的临床诊疗思路是国内首次在著作中提出，对于鱼病的临床诊疗有重要的指导意义。

本书图文并茂，通俗易懂，科学性、先进性和实用性兼顾，可供基层渔医技术人员、养殖场技术人员和养殖户使用，也可作为农业院校水产养殖技术专业和水生动物医学专业师生的参考（培训）用书。

**图书在版编目（CIP）数据**

鱼病鉴别诊断图谱与安全用药：铂金视频版 / 袁圣
等著. -- 北京 ：机械工业出版社，2025. 6. -- ISBN
978-7-111-78679-5

Ⅰ. S942-64

中国国家版本馆CIP数据核字第2025R4X095号

机械工业出版社（北京市百万庄大街22号　邮政编码100037）
策划编辑：周晓伟　高　伟　　　　　责任编辑：周晓伟　高　伟　刘　源
责任校对：孙明慧　杨　霞　景　飞　　责任印制：任维东
北京宝隆世纪印刷有限公司印刷
2025年8月第1版第1次印刷
184mm×260mm・13.75印张・2插页・353千字
标准书号：ISBN 978-7-111-78679-5
定价：158.00 元

电话服务　　　　　　　　　网络服务
客服电话：010-88361066　　机 工 官 网：www.cmpbook.com
　　　　　010-88379833　　机 工 官 博：weibo.com/cmp1952
　　　　　010-68326294　　金 书 网：www.golden-book.com
**封底无防伪标均为盗版**　　机工教育服务网：www.cmpedu.com

# 前 言

　　鱼病的诊断方法有临床诊断、病理诊断和分子诊断，因水产养殖区域一般较为偏远，而鱼病发生后存在传播快、死亡量大的特点，养殖者及鱼病诊疗技术人员在无法预见死鱼可能造成的损失时需要快速地对鱼病做出诊断并给予相应的治疗，受制于鱼病防控技术人员的专业技能及病理诊断、分子诊断现场操作的实际难度，目前鱼病的诊断仍以临床诊断为主。

　　现有的鱼病书籍大多按照病原分类疾病，介绍鱼病时会同时描述所有症状，而一线生产中主要通过病鱼器官的典型症状来诊察鱼病，但是不同鱼病引起相似症状的情况又是普遍的，这就很容易导致养殖者和鱼病诊疗技术人员无法快速、准确地检索到相应的疾病，基于此，著者萌生了按照标准化的鱼体检查时各器官的病症撰写书籍的想法，尝试将本书做成可操作的鱼病检索工具书，期望给鱼病临床诊疗带来一些便利。

　　另外，鱼病的诊断只是治疗的前提，给予科学的处方、选择质量可靠的药物，将药物通过正确的方法使用都是保证治愈率的关键。需要注意的是，本书所推荐的药物及剂量仅供读者参考，不可照搬，在生产上所用药物名称和实际商品名称有所差异，药物浓度也有所不同，建议读者在使用药物前咨询购买处的执业兽医。

　　在本书的撰写过程中，无锡三智生物科技有限公司（江苏三智生物科技有限公司）的蒋蓉、射阳县道清渔药经营部的何道清、江苏省沿海开发（东台）有限公司的姜海月、山东倍倍安生物科技有限公司的李超、浙江惠嘉生物科技股份有限公司的常岱春、江苏祥豪生物科技有限公司的王大荣、湖南坤源生物科技有限公司的潘逢文、中泓鑫海盐城生物技术有限公司的李洋、安琪酵母股份有限公司的张煜、江苏协联生物科技有限公司的姜昌健、广东海富药业有限公司的毛文峰、南通海大生物科技有限公司的夏华、淮安天参农牧水产有限公司的季加俊、江苏巴大饲料有限公司的刘忠波、广东恒兴集团有限公司的张海涛，"袁圣老师渔病系列课"的群友冯兴浪、张正谦、胡雄、黄裕丰、刘朝彩、何冬成、李灵、马腾飞、王中清、胡闯显、杨帆、朱军、杨小波、杨博、谢振斌、王英龙、杨淏钧、敖茂权、陶正亭、姚明江、郭前坤、孔力豪、罗丹、肖健春、肖健聪、黄正源、谢振斌，以及活跃在鱼病防控一线的优秀渔医李江、李样红、赵敏、范少飞、罗旭、刘建新、简海燕、李志强、刘燕基等为本书提供了丰富的实例及大量清晰、生动的一线图片。本书的出版得到国家大宗淡水鱼产业技术体系南京综合试验站（CARS-45-37）、江苏省沿海农业发展有限公司"绿色健康高效水产养殖模式构建研究项目"的资助。一直以来，四川农业大学汪开毓教授、苏州大学叶元土教授给予著者鼓励及鞭策，以上一并表示感谢！

由于著者水平有限，而水产养殖区域多、种类多、模式多、疾病多，书中难免有疏漏、不妥之处，敬请读者不吝赐教，批评指正。

愿鱼儿无疫，渔民安康！

袁圣

# 目 录

前言

**第一章 游动姿态异常对应疾病的鉴别诊断与防治** ························· 1

第一节 诊断思路 ···································· 1

第二节 常见疾病的鉴别诊断与防治 ························ 1

　　一、车轮虫病 ···································· 1

　　二、鲢疯狂病 ···································· 3

　　三、中华蚤病 ···································· 5

　　四、剑水蚤病 ···································· 6

　　五、爱德华氏菌病（慢性感染） ····················· 7

　　六、斑点叉尾鮰病毒病 ··························· 9

　　七、二氧化氯使用不当引起的中毒 ··················· 11

　　八、气泡病 ···································· 11

　　九、加州鲈弹状病毒病 ··························· 13

　　十、池塘漏水引起的游动异常 ······················ 14

　　十一、肥料过量使用引起的中毒 ····················· 15

　　十二、敌百虫使用不当引起的中毒 ··················· 16

　　十三、蛙泳 ···································· 17

**第二章 鳃盖、鳃丝异常对应疾病的鉴别诊断与防治** ··············· 19

第一节 诊断思路 ···································· 19

第二节 常见疾病的鉴别诊断与防治 ······················ 21

一、细菌性烂鳃病···········································21

二、营养不均衡导致的鳃盖畸形·····························22

三、草鱼出血病（红鳍红鳃盖型）·························23

四、细菌性败血症（细菌性出血病）·······················25

五、异育银鲫鳃盖后缘出血症·······························27

六、喉孢子虫病（洪湖碘泡虫病）·························29

七、异育银鲫鳃出血病（异育银鲫造血器官坏死病）·······32

八、钩介幼虫病·············································33

九、小瓜虫病···············································35

十、汪氏单极虫病（或瓶囊碘泡虫病）·····················37

十一、微山尾孢虫病········································38

十二、茄形碘泡虫病········································39

十三、双身虫病············································40

十四、嗜酸性卵甲藻病······································41

十五、淀粉卵甲藻病········································42

十六、鱼虱病··············································43

十七、扁弯口吸虫病········································44

十八、湖蛭病··············································46

十九、大红鳃病············································47

二十、药物泼洒不均匀引起的大红鳃病·····················49

二十一、白鳃病············································49

二十二、肝胆综合征········································51

二十三、鳜虹彩病毒病······································53

二十四、花鲢、白鲢细菌性败血症·························55

二十五、鳃霉病············································56

二十六、氨氮中毒··········································57

二十七、三代虫病··········································58

二十八、指环虫病··········································60

二十九、斜管虫病··········································61

三十、杯体虫病············································62

三十一、固着类纤毛虫病····································63

三十二、台湾棘带吸虫病 ···················· 65

三十三、毛腹虫病 ························· 66

三十四、鳃隐鞭虫病 ······················· 67

三十五、血居吸虫病 ······················· 67

三十六、波豆虫病 ························· 68

三十七、切头虫病 ························· 69

三十八、血窦 ···························· 70

三十九、鳃丝棍棒化 ······················· 70

**第三章 口腔及头部异常对应疾病的鉴别诊断与防治** ·············· **72**

第一节 诊断思路 ························· 72

第二节 常见疾病的鉴别诊断与防治 ·············· 73

一、锚头蚤病 ··························· 73

二、口腔溃疡 ··························· 74

三、口腔水霉病 ························· 75

四、鱼怪病 ···························· 76

五、丑陋圆形碘泡虫病 ····················· 77

六、下颌异常增生 ························· 78

七、鲤疱疹病毒病 ························· 79

八、黄颡鱼杯状病毒病 ····················· 80

**第四章 眼球异常对应疾病的鉴别诊断与防治** ·············· **82**

第一节 诊断思路 ························· 82

第二节 常见疾病的鉴别诊断与防治 ·············· 83

一、亚硝酸盐中毒 ························· 83

二、硫化氢中毒 ························· 83

三、竖鳞病 ···························· 85

四、链球菌病 ··························· 87

五、双穴吸虫病 ························· 89

六、体质虚弱 ··························· 91

**第五章　体表异常对应疾病的鉴别诊断与防治** ···························· 93

　第一节　诊断思路 ·········································· 93
　第二节　常见疾病的鉴别诊断与防治 ···················· 95
　　一、嗜子宫线虫病 ······································ 95
　　二、拟态弧菌病 ········································ 96
　　三、打印病 ············································ 98
　　四、赤皮病 ············································ 99
　　五、加州鲈虹彩病毒病 ································· 101
　　六、诺卡氏菌病 ······································· 102
　　七、越冬综合征 ······································· 104
　　八、黄颡鱼腹水病 ····································· 106
　　九、黄金鲫鳔积水症 ··································· 107
　　十、武汉单极虫病 ····································· 108
　　十一、鱼蛭病 ········································· 109
　　十二、痘疮病 ········································· 111
　　十三、淋巴囊肿病 ····································· 112
　　十四、晶状缝碘泡虫病 ································· 113
　　十五、吉陶单极虫病 ··································· 114
　　十六、疖疮病 ········································· 116
　　十七、饲料问题引起的体表出血 ························· 117
　　十八、梅花斑病 ······································· 118
　　十九、阿维菌素使用不当引起的中毒 ··················· 119
　　二十、缺氧 ··········································· 120
　　二十一、水霉病 ······································· 122
　　二十二、白皮病 ······································· 124
　　二十三、体表纤毛虫病 ································· 125
　　二十四、营养不均衡导致体色变浅 ····················· 125
　　二十五、弯体病 ······································· 126
　　二十六、萎瘪病 ······································· 127
　　二十七、寄生虫引起的体表黏液增多 ··················· 128
　　二十八、pH过高引起的黏液异常分泌 ··················· 129

## 第六章　鳍条异常对应疾病的鉴别诊断与防治 ⋯⋯⋯⋯⋯⋯⋯⋯⋯⋯ 130

第一节　诊断思路 ⋯⋯⋯⋯⋯⋯⋯⋯⋯⋯⋯⋯⋯⋯⋯⋯⋯⋯⋯ 130
第二节　常见疾病的鉴别诊断与防治 ⋯⋯⋯⋯⋯⋯⋯⋯⋯⋯⋯ 130
一、黄颡鱼拟吴李碘泡虫病 ⋯⋯⋯⋯⋯⋯⋯⋯⋯⋯⋯⋯ 130
二、纤毛虫病 ⋯⋯⋯⋯⋯⋯⋯⋯⋯⋯⋯⋯⋯⋯⋯⋯⋯ 131
三、柱鳍病（烂尾病） ⋯⋯⋯⋯⋯⋯⋯⋯⋯⋯⋯⋯⋯ 132

## 第七章　内脏异常对应疾病的鉴别诊断与防治 ⋯⋯⋯⋯⋯⋯⋯⋯⋯⋯ 134

第一节　诊断思路 ⋯⋯⋯⋯⋯⋯⋯⋯⋯⋯⋯⋯⋯⋯⋯⋯⋯⋯⋯ 134
第二节　常见疾病的鉴别诊断与防治 ⋯⋯⋯⋯⋯⋯⋯⋯⋯⋯⋯ 135
一、绿肝 ⋯⋯⋯⋯⋯⋯⋯⋯⋯⋯⋯⋯⋯⋯⋯⋯⋯⋯⋯ 135
二、黄肝 ⋯⋯⋯⋯⋯⋯⋯⋯⋯⋯⋯⋯⋯⋯⋯⋯⋯⋯⋯ 136
三、白肝（脂肪肝） ⋯⋯⋯⋯⋯⋯⋯⋯⋯⋯⋯⋯⋯⋯ 137
四、吴李碘泡虫病 ⋯⋯⋯⋯⋯⋯⋯⋯⋯⋯⋯⋯⋯⋯⋯ 138
五、黄鳝鲷虹彩病毒病 ⋯⋯⋯⋯⋯⋯⋯⋯⋯⋯⋯⋯⋯ 139
六、舒伯特气单胞菌病 ⋯⋯⋯⋯⋯⋯⋯⋯⋯⋯⋯⋯⋯ 140
七、鲤春病毒病 ⋯⋯⋯⋯⋯⋯⋯⋯⋯⋯⋯⋯⋯⋯⋯⋯ 141
八、柱形病 ⋯⋯⋯⋯⋯⋯⋯⋯⋯⋯⋯⋯⋯⋯⋯⋯⋯⋯ 142
九、草鱼出血病（红肌肉型） ⋯⋯⋯⋯⋯⋯⋯⋯⋯⋯ 144
十、脂肪发黄 ⋯⋯⋯⋯⋯⋯⋯⋯⋯⋯⋯⋯⋯⋯⋯⋯⋯ 144

## 第八章　消化道异常对应疾病的鉴别诊断与防治 ⋯⋯⋯⋯⋯⋯⋯⋯⋯ 147

第一节　诊断思路 ⋯⋯⋯⋯⋯⋯⋯⋯⋯⋯⋯⋯⋯⋯⋯⋯⋯⋯⋯ 147
第二节　常见疾病的鉴别诊断与防治 ⋯⋯⋯⋯⋯⋯⋯⋯⋯⋯⋯ 148
一、胃溃疡 ⋯⋯⋯⋯⋯⋯⋯⋯⋯⋯⋯⋯⋯⋯⋯⋯⋯⋯ 148
二、细菌性肠炎病 ⋯⋯⋯⋯⋯⋯⋯⋯⋯⋯⋯⋯⋯⋯⋯ 148
三、草鱼出血病（肠炎型） ⋯⋯⋯⋯⋯⋯⋯⋯⋯⋯⋯ 150
四、斑点叉尾鲴肠型败血症（爱德华氏菌急性感染） ⋯ 151
五、九江头槽绦虫病 ⋯⋯⋯⋯⋯⋯⋯⋯⋯⋯⋯⋯⋯⋯ 152
六、舌型绦虫病 ⋯⋯⋯⋯⋯⋯⋯⋯⋯⋯⋯⋯⋯⋯⋯⋯ 154

七、鲤蠡绦虫病 ·························· 155

八、罗非鱼头槽绦虫病 ·················· 156

九、普洛宁碘泡虫病 ···················· 157

十、饼型碘泡虫病 ······················ 158

十一、肠袋虫病 ························ 158

十二、肠道吸虫病 ······················ 160

十三、棘头虫病 ························ 161

十四、毛细线虫病 ······················ 162

十五、胃瘤线虫病 ······················ 163

十六、套肠病 ·························· 164

**第九章　血液异常对应疾病的鉴别诊断与防治** ······················ 167

第一节　诊断思路 ······················ 167

第二节　常见疾病的鉴别诊断与防治 ······ 167

锥体虫病 ···························· 167

**第十章　由水质恶化、藻类水华及非病原因素引起的疾病** ············ 169

一、浮游动物过多 ······················ 169

二、杂鱼过多 ·························· 170

三、pH过高引起的鱼异常跳跃 ············ 171

四、产卵不遂 ·························· 172

五、鸟害 ······························ 173

六、蓝藻水华 ·························· 174

七、角藻水华 ·························· 176

八、三毛金藻水华 ······················ 177

九、裸藻水华 ·························· 178

十、青苔大量生长 ······················ 179

十一、水色白浊（混浊） ················ 180

十二、浓绿水 ·························· 182

十三、水质清瘦 ························ 183

十四、黑臭底 ……………………………………………… 183

十五、饲料浪费 …………………………………………… 184

十六、产卵导致的摄食异常 ……………………………… 185

**第十一章　多病原混合感染的临床治疗思路** …………… 187

一、细菌与寄生虫混合感染 ……………………………… 187

二、细菌与病毒混合感染 ………………………………… 191

三、细菌与真菌混合感染 ………………………………… 193

四、寄生虫与病毒混合感染 ……………………………… 193

五、真菌与病毒混合感染 ………………………………… 194

六、寄生虫与真菌混合感染 ……………………………… 194

七、细菌、寄生虫与病毒混合感染 ……………………… 195

**附录** ……………………………………………………… 196

一、渔药选择的标准化 …………………………………… 196

二、渔药使用的注意事项 ………………………………… 201

**参考文献** ………………………………………………… 205

# 第一章　游动姿态异常对应疾病的鉴别诊断与防治

## 第一节　诊断思路

鱼体游动姿态异常的诊断思路见表 1-1。

表 1-1　鱼体游动姿态异常的诊断思路

| 检查内容 | 主要症状 | 初步诊断结果 |
| --- | --- | --- |
| 游动姿态异常 | 打转、狂游 | 车轮虫病 |
| | | 鲢疯狂病 |
| | | 中华蚤病 |
| | | 剑水蚤病 |
| | | 爱德华氏菌病（慢性感染） |
| | | 斑点叉尾鮰病毒病 |
| | | 二氧化氯使用不当引起的中毒 |
| | | 气泡病 |
| | | 加州鲈弹状病毒病 |
| | | 池塘漏水引起的游动异常 |
| | | 肥料过量使用引起的中毒 |
| | | 敌百虫使用不当引起的中毒 |
| | | 蛙泳 |

## 第二节　常见疾病的鉴别诊断与防治

### 一、车轮虫病

【病原】病原为车轮虫（图 1-1 和图 1-2），属纤毛虫类寄生虫。

图1-1 寄生在鳍条上的车轮虫

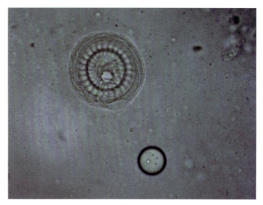

图1-2 车轮虫正面看呈圆形，体表有纤毛

【流行特点】可感染几乎所有规格的所有鱼类，对鱼苗及鱼种的危害更大（图1-3），可在短期内引起大量死亡，成鱼少量寄生时几乎无影响及危害。流行时间为4~7月及9~10月，尤其在水质较浓、有机质含量高的池塘更易发生（图1-4）。

图1-3 车轮虫对鱼苗危害极大

图1-4 车轮虫病易发生于有机质含量高的池塘

【临床症状和剖检病变】对于水花及鱼苗，少量寄生即可引起病鱼在水中狂游、打转。因虫体在鳃丝及体表附着、运动，导致鳃丝、鳍条、体表黏液大量分泌，肉眼可见鱼体形成一层白色黏液层。鱼苗感染车轮虫后，可见大量鱼苗沿池边狂游，形似跑马，俗称"跑马病"（图1-5）。

【诊断】镜检发病鱼的体表黏液或者鳃丝，发现大量车轮虫（图1-6和视频1-1）即可确诊。

图1-5 车轮虫寄生后引起鱼苗沿池边狂游，形似跑马

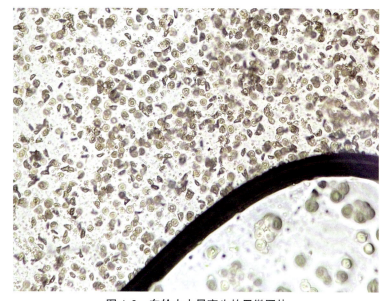

**视频 1-1**

车轮虫病：车轮虫形似车轮，可通过体表的纤毛活泼运动

图 1-6 车轮虫大量寄生的显微图片

🔲 **临床诊断要点** ①鱼苗在水中打转。②鱼苗沿池边狂游，形似跑马。③镜检体表、鳍条或鳃丝发现车轮虫。④鱼苗短期内大量死亡。⑤养殖水体水质较肥，有机质含量较高。⑥气泡病也可引起相似的症状，必须通过镜检进行区分及排除。

【预防】 ①养殖结束后每亩（1 亩≈ 667 米$^2$）用 250~300 千克的生石灰带水清塘。②流行季节，在投饵区域用硫酸铜挂袋，对预防车轮虫病有效。③经常使用微生态制剂调节水质，降低水体有机质含量，可预防车轮虫病及其他纤毛虫病的发生。

【临床用药指南】 ①硫酸铜、硫酸亚铁合剂全池泼洒，比例为 5∶2，剂量为每升水体0.7 毫克。②苦参末 300 克 / 亩兑水后全池泼洒。

【注意事项】 ①成鱼寄生少量车轮虫时危害不大，可不处理；车轮虫对鱼苗危害极大，少量寄生也会引起大量死亡，少量寄生也需第一时间治疗。②硫酸亚铁对乌鳢毒性较大，乌鳢养殖池塘不可使用。③治疗车轮虫病后应及时调节水质，降低有机质含量，可避免再次暴发。④中草药如苦参碱、青蒿等对于治疗车轮虫病也有较好的效果。

## 二、鲢疯狂病

【病原】 病原为鲢碘泡虫。

【流行特点】 主要危害 1 龄以上的鲢（即白鲢，下文中统一用白鲢），呈散在性发生，少有大量暴发并引起死亡的情况。全国鱼类主要养殖区都有发病。被寄生的病鱼肉味变苦，失去商品价值。

【临床症状和剖检病变】 病鱼体色暗淡、尾鳍末端发黑（图 1-7），头大尾小、极度消瘦、尾柄向上弯曲（上翘）（图 1-8）、游动时可见尾

图 1-7 患病白鲢体色暗淡、尾鳍末端发黑

鳍翘在水面上（图 1-9），在水中周而复始地打转、狂游，不久即死（视频 1-2）。

图 1-8　感染鲢碘泡虫的白鲢尾柄向上弯曲　　图 1-9　感染鲢碘泡虫的白鲢尾鳍上翘（尾柄弯曲所致）

【诊断】　根据流行特点、外观症状及对发病鱼脑部解剖后镜检包囊（图 1-10）可以确诊。

视频 1-2
鲢疯狂病：病鱼在水中
疯狂打转，不久即死

岳丽佳　摄

图 1-10　患病鱼脑部解剖图

临床诊断要点　①发病鱼为白鲢。②发病鱼的规格一般在 1 千克以上。③发病鱼体形消瘦，尾柄上翘，在水体旋转运动时可见尾鳍露出水面。④白鲢鳃丝寄生中华鳋后也可引起尾鳍上翘的症状，但是病鱼尾柄正常，鳃丝末端可见明显的白点。

【预防】　①发病池塘养殖结束后充分晒塘，每亩用 250~300 千克的生石灰、750 克敌百虫带水清塘，杀灭幼虫和中间寄主。②套养适量黄颡鱼或扣蟹，通过它们摄食中间寄主水丝蚓从而降低本病的发生率。③孢子虫病易发季节定期用百部贯众散拌料投喂，可预防孢子虫病。

【临床用药指南】　白鲢的摄食方式是通过鳃耙滤食藻类及有机碎屑，无法有效摄入药饵，故本病的治疗方式以外泼杀虫剂为主：①晴天上午，使用渔用敌百虫兑水后全池泼洒，每升水体 1.0~1.2 毫克，每天 1 次，连用 2 次，中间间隔 1 天。②晴天上午，使用含量为 45% 的环烷酸铜溶液 100 毫升 / 亩兑水后全池泼洒，每天 1 次，连用 2 次，中间间隔 1 天。

【注意事项】　①敌百虫为有机磷杀虫剂，具胃毒，泼洒后可能引起吃食鱼类短期内摄食不佳甚至拒食，2~3 天可恢复。②敌百虫在碱性条件下可能变性为敌敌畏，因此使用敌百虫前需检测池水 pH，pH 超过 9.0 时慎用。

## 三、中华鳋病

【病原】 病原为中华鳋，有 1 个眼点（图 1-11 和图 1-12），雌虫身后常挂有两个卵囊，属于甲壳类寄生虫。

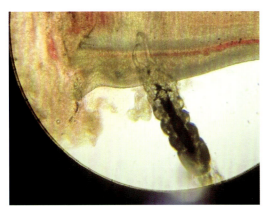

图 1-11 中华鳋侧面

图 1-12 中华鳋正面，虫体头部有 1 个明显的黑色眼点

【流行特点】 流行时间为 5~10 月，主要危害草鱼、白鲢、鳙（即花鲢，下文中统一用花鲢）等的鱼种及成鱼。秋季少量中华鳋寄生后不易发现，越冬期在鳃丝持续造成伤口并继发细菌感染，引起花鲢等越冬后因烂鳃病而大量死亡，该情况应引起重视。

【临床症状和剖检病变】 少量寄生时无明显症状，严重感染后池鱼摄食量明显减少，被感染的鱼在水面打转或狂游，尾鳍上翘（图 1-13 和视频 1-3），俗称"翘尾巴病"。观察病鱼可见鳃丝苍白（图 1-14），黏液异常分泌，鳃丝末端有数量不等的白色或黄色蛆样虫体（图 1-15 和图 1-16，视频 1-4）。秋季花鲢、白鲢、草鱼等的烂鳃病与中华鳋病高度相关。

视频 1-3

中华鳋病：尾鳍上翘，在水体表层打转或狂游

【诊断】 结合摄食减少、尾鳍上翘等症状，在鳃丝末端发现白色蛆样虫体即可确诊。

图 1-13 感染中华鳋的草鱼尾鳍上翘

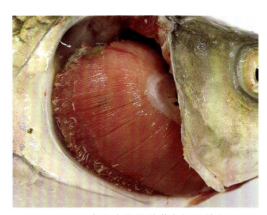

图 1-14 寄生中华鳋的草鱼鳃丝苍白，鳃丝末端有白色蛆样虫体

图 1-15　感染中华蚤的花鲢鳃丝溃烂，可见白色蛆样虫体

图 1-16　中华蚤寄生在白鲢鳃丝末端形成的白色蛆样虫体

〔💬临床诊断要点〕　①病鱼尾鳍上翘。②短期内池鱼摄食减少或不摄食。③鳃丝末端肉眼可见白色或黄色蛆样虫体。④鳃丝尤其是鳃丝末端发白。⑤病鱼尾柄形态正常，不上翘。

〔预防〕　①养殖结束后每亩用 250~300 千克的生石灰带水清塘，以杀灭寄生虫幼虫和中间寄主。②流行季节，在投饵台用渔用敌百虫挂袋，连挂 3~5 天，对预防中华蚤病效果较好。

〔临床用药指南〕　①晴天上午用渔用敌百虫兑水后全池泼洒，每升水体 0.7~1 毫克，每天 1 次，连用 2 天。② 4.5% 的氯氰菊酯溶液全池泼洒，剂量为每升水体 0.02~0.03 毫升，严重时需用 2 次。

〔注意事项〕　①中华蚤寄生后破坏鳃丝，形成伤口，引起细菌的继发感染，秋季普遍发生的花鲢、白鲢及其他常见鱼类的烂鳃病与中华蚤的寄生高度有关，烂鳃病的临床诊疗需重点关注中华蚤的寄生情况。②敌百虫内服可用于中华蚤病的辅助治疗，剂量为每 40 千克饲料拌敌百虫 125~150 克，每天 1 次，连喂 3 天，选择摄食最好的下午投喂。敌百虫拌服前需充分溶解，将残渣过滤后再拌料。③菊酯类杀虫剂低温期毒性变大，尤其对白鲢毒性最大，秋后应慎重使用。

🎥视频 1-4
中华蚤病：感染中华蚤的草鱼鳃丝末端发白，上有白色的虫体

## 四、剑水蚤病

〔病原〕　病原为剑水蚤（图 1-17 和图 1-18）。

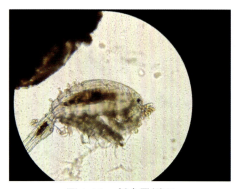

图 1-17　剑水蚤正面

图 1-18　剑水蚤侧面

【流行特点】 主要发生在水温18℃以上、水质较肥的鱼类养殖池塘，其可直接猎杀鱼苗，也可寄生于草鱼、加州鲈等鱼的鳃丝及鳃盖上，鱼种及成鱼均可寄生，近年来已经发生过多起因剑水蚤大量寄生引起鱼类发病的案例。

【临床症状和剖检病变】 剑水蚤大量寄生在草鱼等的鳃丝（图1-19和视频1-5），引起病鱼焦躁不安或浮头样漫游于水面，摄食减少或不摄食。检查鳃盖及鳃丝可见大量蠕动的黑色小点，病鱼鳃丝颜色苍白，溃烂，往往继发细菌感染而形成烂鳃并引起大量死亡。剑水蚤过量繁殖后还会大量消耗溶解氧，造成池塘溶解氧量下降甚至缺氧，影响鱼的生长。

视频 1-5

剑水蚤病：剑水蚤显微形态

【诊断】 发现鱼类焦躁不安、摄食不佳时仔细检查鱼体，发现大量剑水蚤后即可确诊。

💬 临床诊断要点 ①鱼全天漫游于水面。②池鱼摄食减少或不摄食。③肉眼可见鳃丝上有大量蠕动的黑色小点（图1-20）。

何道清 摄

图 1-19 剑水蚤在鳃丝寄生图

图 1-20 寄生在白鲢鳃丝上的剑水蚤，可见鳃丝上有大量蠕动的黑色小点

【防治措施】 同中华蚤病。

## 五、爱德华氏菌病（慢性感染）

【病原】 病原为鮰爱德华氏菌或者迟缓爱德华氏菌，均为革兰氏阴性菌。本病是近年来对黄颡鱼、斑点叉尾鮰危害极大的传染性疾病，发病鱼的头部中间出现颜色鲜红的深度溃疡灶，养殖户称之为"一点红"或"裂头病"，为爱德华氏菌慢性感染所致。

【流行特点】 在黄颡鱼、斑点叉尾鮰的养殖区广泛流行，主要危害黄颡鱼、斑点叉尾鮰等无鳞鱼，尤其水质恶化的高密度养殖池塘更易发病，同池其他鱼几乎不发病。可感染各个养殖阶段的鱼，尤其以鱼种、成鱼发病严重。每年的6~8月为发病高峰期，发病水温为18~30℃，在20~28℃范围内发病严重，发病率可达50%，发病后死亡率可达100%。9~10月也偶有发生，温度下降后逐渐自愈。本病病程长短不一，短则数天，长的可达20天甚至1个月以上。

【临床症状和剖检病变】 爱德华氏菌急性感染的具体情况参见"斑点叉尾鮰败血症（爱德华氏菌急性感染）"。慢性感染时濒死鱼在池中打转或狂游，观察可见眼球充血、突出

（图 1-21），吻部充血或出血（图 1-22），头顶部位充血、出血、发红，甚至在头部中间形成一条红色突起或溃疡（图 1-23 和图 1-24，视频 1-6），严重时头顶穿孔，头盖骨开裂，甚至露出脑组织，解剖消化道可见消化道内有大量脓液（图 1-25）。

图 1-21　患病斑点叉尾鮰眼球充血、突出，头顶出血

图 1-22　患病黄颡鱼吻部充血或出血

图 1-23　患病斑点叉尾鮰头部中间的红色病灶

图 1-24　患病黄颡鱼头部的溃疡灶

**视频 1-6**

爱德华氏菌病（慢性感染）：患爱德华氏菌慢性感染的斑点叉尾鮰头部有一条明显的红色溃疡灶，眼球红肿外突

图 1-25　患病黄颡鱼消化道内充满大量脓液

【诊断】根据流行特点、头部充血开裂等典型症状及病理变化，可做出初步诊断。

💬 **临床诊断要点** ①混养池塘中只有斑点叉尾鮰或者黄颡鱼发病死亡。②濒死鱼头部中间皮肤溃烂，形成长形的红色溃疡灶。③濒死鱼眼球突出。④濒死鱼头部发红。⑤发病期存在过量投喂或者短期内大量增加投喂的情况。

【预防】 ①养殖结束后彻底清塘，充分晒塘，杀灭池塘中的病原菌。②注重投喂的方式方法，根据水温灵活调整投饵率及饲料质量，科学投饵可降低本病的发生率。③黄颡鱼饲料蛋白质含量高、营养丰富，残饵、粪便沉积后极易滋生有害菌，在养殖过程中需对池塘底部进行定期处理。

【临床用药指南】

1）外用：一旦发生本病，使用优质碘制剂全池泼洒，含量2%的复合碘溶液500毫升泼洒3亩，隔天再用1次。若发病后摄食量显著下降，此时碘制剂不能使用，应以促进摄食为主要工作。

2）内服：氟苯尼考加强力霉素一起拌饵内服，每天1次，剂量为每千克鱼体重使用氟苯尼考10~20毫克、强力霉素30~50毫克，连喂5~7天。

【注意事项】 ①本病是黄颡鱼、斑点叉尾鮰等养殖过程中的常见传染病，发病快，死亡率高，易复发，做好预防工作非常重要。②黄颡鱼、斑点叉尾鮰等养殖过程中控制好投饵量，尽量不要有饲料残留，避免造成水质恶化。③疾病治愈后可用发酵饲料或者乳酸菌（丁酸梭菌）继续拌料投喂7~10天，以保持消化道的健康，可降低复发的概率。

## 六、斑点叉尾鮰病毒病

【病原】 病原为斑点叉尾鮰病毒。

【流行特点】 主要感染斑点叉尾鮰的鱼苗及鱼种，发病水温为20~30℃，在此温度区间内流行程度跟温度成正比。可通过水平及垂直的方式进行传播，危害较大，处理不当可引起暴发性死亡（视频1-7）。

【临床症状和剖检病变】 濒死鱼头部朝上，尾巴朝下垂直悬挂于水中（图1-26），偶尔出现旋转游动，最后沉入水底死亡。病鱼下颌点状出血（图1-27），鳍条基部（图1-28）、腹部等处充血或出血，腹部膨大，部分鱼眼球突出，肛门红肿。解剖可见腹腔内有大量浅黄色或浅红色腹水（图1-29），胃内无食，肝胰脏点状出血（图1-30），脾脏肿大，心脏、肝胰脏、肾脏、消化道等器官出血（图1-31）。

🎬 **视频 1-7**

斑点叉尾鮰病毒病：斑点叉尾鮰病毒病对于小规格斑点叉尾鮰危害极大，可引起其大量死亡

图1-26 濒死鱼头朝上，尾朝下悬挂于水中

图1-27 患病斑点叉尾鮰下颌点状出血

图 1-28 病鱼下颌点状出血，胸鳍基部出血

图 1-29 病鱼腹腔有浅黄色清亮腹水

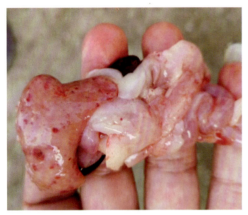

图 1-30 病鱼肝胰脏点状出血

图 1-31 病鱼脾脏肿大，消化道出血

【诊断】 根据流行特点、症状及病变可初步诊断，确诊需用分子生物学方法。

📺 临床诊断要点 ①发病鱼规格在 100 克以下。②濒死鱼头朝上，尾巴朝下悬挂在水体中。③濒死鱼下颌点状出血，肝胰脏点状出血。④病鱼腹腔有浅黄色清亮的腹水。

【预防】 ①无鳞鱼养殖中避免水体 pH 长期剧烈波动，可定期泼撒发酵饲料或者乳酸菌来维持 pH 相对稳定。②科学投喂，根据水温灵活调整投饵率，维持消化道健康（饲料中添加乳酸菌或者发酵饲料）可降低本病的发生率及死亡率。③在敏感温度到来前提前投喂免疫增强剂，提升鱼体免疫力。④对苗种进行检疫，弃养带毒苗种。

【临床用药指南】 外用：第一天下午按推荐剂量使用有机酸；第二天上午使用优质碘制剂按推荐剂量兑水泼洒，隔天再用 1 次。

发病后降低投喂量，同时将抗病毒的药物（如板蓝根等）及免疫增强剂（如黄芪多糖）按说明书推荐剂量加量 2~3 倍拌饲内服，可以控制本病发展，有细菌继发感染时还需在饲料中添加敏感抗生素进行投喂。

【注意事项】 ①在适温范围内鱼的消化效率跟水温成正比，有胃鱼如斑点叉尾鮰在养殖前期水温低时投喂量不可过大，建议水温 18℃以下时投饵率不超过 0.2%，否则极易诱发消化系统的病变。②斑点叉尾鮰为无鳞鱼，体表的黏液和皮肤是身体的第一道免疫防线。过高或过低的 pH 对黏液均有较大的影响，养殖过程中应尽量保持 pH 的稳定。

### 七、二氧化氯使用不当引起的中毒

【病因】 因二氧化氯使用不当引起的水生动物的中毒症。主要是二氧化氯泼洒不均匀导致局部浓度过高，引起生活在水体表层的白鲢中毒后形成的病症。

【流行特点】 常发生在二氧化氯大量使用的季节，水质清瘦的池塘更易发生。在投饵前 30 分钟内泼洒二氧化氯或其他药物都容易引起养殖鱼类中毒。

【临床症状和剖检病变】 二氧化氯中毒后视中毒的轻重程度病鱼可能会出现狂游或静卧池边的情况，中毒的鱼眼球凹陷，体表广泛出血，各鳍条严重出血（图 1-32），抢救不及时可引起大批死亡。

【诊断】 根据典型症状结合二氧化氯使用情况可以确诊。

图 1-32 因二氧化氯泼洒不均匀而中毒的白鲢各鳍条严重出血

💬 临床诊断要点 ①施药前池鱼无异常，施药后不久鱼类即开始狂游或静卧池边。②施药时局部浓度过高或者药液稀释不均匀。③濒死鱼体色发黑或发白，鳍条严重出血。

【预防】 ①泼洒杀虫剂及消毒剂前半小时打开增氧机，泼洒后继续开 2 小时，促进药液溶散，避免表层水体药物浓度过高。②施药时间选在晴天上午第 2 次投喂结束半小时后，可避免饥饿的鱼类因条件反射将药物摄入而引起中毒。③用药后留在池边观察 30 分钟以上，以及时发现中毒等异常情况。④风力较大的天气，池塘下风处少用药甚至不用药，防止药液在风力作用下聚集引起养殖的水生动物中毒。

【临床用药指南】 ①一旦发现外用药物使用不当引起的中毒，应立即大量换水，轻症可自愈。②发现用药后鱼类出现异常游动时应立即打开增氧机，促进表层药液的溶散。③鱼类中毒后在鱼群集中的区域适量泼洒维生素 C 或牛磺酸，可缓解中毒的症状。

### 八、气泡病

【病因】 ①水体中某些气体过饱和，在逸出过程中被鱼苗误食（图 1-33）。②血液中的溶解氧因外界环境的突变（温度突然升高）导致溶解率降低，溶解的氧气在体内气化形成气泡（图 1-34）。气泡病一旦形成后，若不及时处理，可导致鱼苗全军覆没。

图 1-33 加州鲈苗误食气泡后形成气泡病

图 1-34 草鱼肌肉中的气泡

【流行特点】 一般发生在水质肥、水位浅、产氧能力强的池塘，水质清瘦的水泥池也易发生。主要危害水花及幼鱼，可在短期内导致水花及幼鱼大量死亡。

【临床症状和剖检病变】 由误食气泡形成的气泡病可见鱼苗腹部膨大（图1-35），肠道内充满气体，鱼苗下沉困难，在阳光暴晒下死亡；由于环境突变引起的气泡病，可在鱼的体表（图1-36）、肌肉、鳍条、内脏、鳔（图1-37）甚至鳃丝（图1-38和图1-39）等处形成肉眼可见的气泡，导致池鱼摄食变差，狂游或游动不平衡。

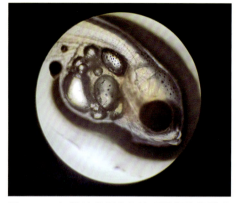

图1-35 加州鲈苗误食气泡后引起腹部膨大

图1-36 患气泡病的鲤体表、鳍条充满气泡

图1-37 白鲢鳔壁上的气泡

图1-38 鲫鳃丝血管中的气泡

图1-39 团头鲂鳃丝血管中的气栓

【诊断】 根据症状、流行特点可做出诊断。

🖥 临床诊断要点 ①主要发生在雨后天晴的时间段。②养殖鱼类摄食减少或不摄食，在水中跳跃或狂游。③鱼体体表、鳍条、肌肉甚至鳃丝内能够观察到大量的气泡。④发病的池塘一般水位浅，透明度大。

【预防】 ①晴天中午在水花培育池上方设置遮阳网，以降低水温。②当水质过肥，池底腐殖质较多时，应勤改底，勤调水，保持水质优良。③浅水池塘晴天保持微流水。④晴天中午打开增氧机，促进表层过饱和气体的逸散。⑤藻类丰度高、水质过肥的池塘通过换水、洒腐殖酸钠等方式控制藻类丰度，降低光合作用强度，可防止气泡病的发生。

【临床用药指南】①一旦发生气泡病，应立即换水，并适当加深水位。②气泡病发生后，立刻打开增氧机搅动池水，促使过饱和的气体逸散。③气泡病发生后，每亩用3~5千克的食盐兑水后全池泼洒，可促进气泡吸收。

以上措施视具体情况可同时开展。

## 九、加州鲈弹状病毒病

【病原及病因】加州鲈苗感染弹状病毒后继发细菌、真菌感染而形成的恶性传染病，传播速度快，危害极大，严重影响了加州鲈苗种的成活率。

消化道的损伤可能是诱使本病暴发的重要因素，主要是：①饵料适口性差。②浮游动物个体偏大或偏小。③植物性原料对加州鲈的消化道造成损伤。④苗期营养不够。另养殖用水存在交叉感染等共同导致了本病的暴发，发病后期继发的细菌、真菌感染加剧了其死亡速度及数量。

【流行特点】在加州鲈主产区均有发生，发病时间根据区域不同主要是4~6月、9~11月，最适发病水温为25~28℃，通常发生在水温剧烈波动时，主要危害苗种。本病有水平传播和垂直传播两种方式，传播速度快、潜伏期短、死亡率高，严重时主产区超过80%池塘发病，死亡率可高达90%，是制约加州鲈苗种成活率的主要疾病。

【临床症状和剖检病变】濒死鱼苗出现狂游、打转或静卧池边的情况（图1-40和视频1-8），部分濒死鱼有肛门拖便（图1-41）或肛门红肿（图1-42）、流脓的现象，检查濒死鱼可见病灶部位鳞片脱落、溃烂，腹部出现辨识度极高的红色斑点（图1-43），部分鱼有水霉（图1-44）的继发感染。

图1-40 濒死鱼在水中打转、狂游

视频1-8

加州鲈弹状病毒病：患病加州鲈在水面无力漫游，体色发白，变浅

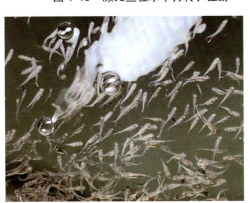

图1-41 濒死鱼肛门拖便

图1-42 濒死鱼肛门红肿

图 1-43　患病鱼腹部出现辨识度
极高的红色斑点

图 1-44　濒死鱼继发水霉感染

【诊断】　根据流行特点、外表症状及病变可做出初步诊断，确诊需用分子生物学方法。

🎬 临床诊断要点　①车轮虫也可引起加州鲈苗出现打转的相似症状，需镜检濒死鱼以确定打转的原因。②发病前存在饵料投喂不足或者饵料适口性差或者饵料腐败、霉变等情况。③发病期水质出现较大的变化。④濒死鱼腹部出现典型的红色斑点。

【预防】　①严格执行苗种检疫，弃养带毒苗种。②苗场严格执行封闭式管理（严禁外人进入育苗区，如图1-45所示），重点关注底层微孔增氧的曝气头形成的微水滴，工具甚至饵料带毒的可能，形成育苗区的管理规范。③强化鱼苗投喂管理，严格把控饵料的适口性，人工配合饲料配合优质乳酸菌或者发酵饲料一起投喂。④加强对苗种的体检，重点关注寄生虫及消化道的镜检，发现问题后及时处理。⑤发过病的养殖场所彻底消毒。

图 1-45　苗场设立防疫区

【临床用药指南】　发病前期可用氟苯尼考＋免疫增强剂拌料投喂，停药后用发酵饲料或者丁酸梭菌拌料再喂10天。大量发病以后及时捞出濒死鱼，同时用优质碘制剂或者抗病毒的中草药泼洒，适当降低微孔增氧气头的气量，降低水流流速，幼苗要把握中草药的剂量，避免畸形的出现。

### 十、池塘漏水引起的游动异常

【病因】　因池塘维护不力或者台风等恶劣天气导致池梗塌方（图1-46）、渗漏，鱼类受新鲜水源的刺激而表现出行为异常。

【流行特点】　主要发生在养殖中后期，疏于养殖管理的池塘在台风等恶劣天气频发的季节最易发生。

【临床症状和剖检病变】　大量鱼类聚集在池塘的特定区域，

图 1-46　池梗塌方

并在此区域快速游动，驱之即散，不加干预后再次聚集。投料时部分鱼正常摄食。

【诊断】 根据鱼类的游动症状结合鱼塘巡查结果可以确诊。

【预防】 ①养殖结束后修整池塘，加固池梗，防止池塘渗漏（图1-47）。②恶劣天气加强池塘巡查，避免溃坝及渗漏。

图 1-47 修整池塘

【临床用药指南】 一旦池塘渗漏修复后，异常情况可不治而愈。

## 十一、肥料过量使用引起的中毒

【病因】 因肥料用量计算错误或者水体面积计算错误而导致肥料使用过多，鱼类出现中毒甚至死亡的情况。

【流行特点】 主要发生在养殖前期，水位浅、鱼苗个体小的池塘更易发生。

【临床症状和剖检病变】 肥料使用数小时后鱼苗身体发黑，大量聚集在水体表层，打转、狂游或游动失常，若处理不及时，很快出现大量死亡（图1-48）。水体表层尤其是池塘下风处出现大量气泡或浮沫（图1-49）。

因过量施肥导致水体过肥，水位浅的池塘产生气泡病后也会有相似的症状。

图 1-48 肥料使用不当引起的中毒
导致鱼苗大量死亡

图 1-49 肥料使用不当的水体表层出现大量
气泡，鱼苗中毒后死亡

【诊断】　结合施肥情况，根据施肥后的鱼苗游动状态、水面的泡沫可以确诊。

【预防】　①根据池塘实际使用面积精准计算肥料使用量。②使用肥料后应留在池边观察数小时。

【临床用药指南】　一旦发现因肥料使用不当引起的中毒，应立即大换水，换水量至少达到池水总量的 1/3 以上。

## 十二、敌百虫使用不当引起的中毒

【病因】　①敌百虫具胃毒，使用后的 2~3 天可能出现鱼类摄食减少或不摄食，停药后可逐渐恢复正常。②敌百虫在碱性条件下变性为敌敌畏，毒性大大增加，因此使用敌百虫前需测量水体 pH，若 pH 超过 9 时，谨慎使用。③使用敌百虫时未充分溶解，未滤掉残渣。④部分养殖品种如鳜鱼、加州鲈、虾、蟹对敌百虫敏感，这些养殖品种应避免使用敌百虫。敌百虫使用不当可引起养殖的水生动物大量死亡（图 1-50）。

图 1-50　敌百虫使用不当引起的异育银鲫大量死亡

【流行特点】　主要发生在寄生虫高发季节。下午使用敌百虫、超量使用敌百虫、pH 过高时使用敌百虫、敌百虫未完全溶解时使用及泼洒不均匀均有可能引起中毒。

【临床症状和剖检病变】　敌百虫外用或者内服数小时后鱼类出现体色发黑，焦躁不安，身体冲出水面开飞机样狂游（图 1-51 和视频 1-9）的情况。若抢救不及时，可在短期内引起鱼类大量死亡（图 1-52）。

🎥 视频 1-9

敌百虫使用不当引起的中毒：敌百虫使用不当引起鲫中毒，濒死鱼开飞机样在水面狂游

图 1-51　敌百虫中毒后的鲫身体冲出水面，
开飞机样狂游

图 1-52　敌百虫中毒后鱼大量死亡

【诊断】 根据鱼体冲出水面，开飞机样狂游的症状结合敌百虫使用情况可以确诊。

【预防】 ①使用前测量水体 pH，当 pH 超过 9 时不能使用敌百虫。②泼洒敌百虫前 15 分钟打开增氧机，使用后再开 2 小时。③用药后留在池边观察 30 分钟以上，发现异常及时处理。④敌百虫应充分溶解后再行使用，使用前需滤掉残渣。⑤敌百虫的使用时间应在晴天的上午 10：00 左右，需在投料后 30 分钟再使用，避免在投料前 30 分钟使用，以免鱼类误食。

【临床用药指南】 ①一旦发现因敌百虫使用不当引起养殖的水生动物中毒时，应立即大换水，主要是排除下风处的表层水，同时加注新水，换水量至少为整个水体的 1/3 以上。②打开增氧机，促进上下水层的对流，促进表层药液的溶散，降低表层药液浓度。③阿托品对缓解敌百虫中毒症状有一定的效果。

## 十三、蛙泳

【病因】 投饵时鱼群大量聚集后形成局部溶解氧含量较低的区域及短期的缺氧；肝胰脏机能下降，造血功能不足引起的生理性缺氧都可能引起鱼饱食后浮于水面，呈"蛙泳"状游动（图 1-53 和图 1-54）。

图 1-53 鱼将头伸出水面呈"蛙泳"状游动

图 1-54 饱食后的草鱼在水面呈"蛙泳"状游动

【流行特点】　主要发生在养殖中后期，使用传统抛投式投饵机的池塘易发生，长期过量投喂的池塘发生概率更高，草鱼、黄金鲫、鲤等食量较大的鱼类最易发生，成鱼的发生率高于鱼种。

【临床症状和剖检病变】　池鱼外观无异常，摄食也正常，但在摄食结束后的一段时间内大量的鱼浮在投饵区附近的水域，将头伸出水面吞咽空气（视频1-10），偶见狂游状游动，该现象持续数十分钟甚至半个小时后逐渐缓解。

【诊断】　投喂结束后投饵区附近看到大量鱼将头伸出水面可确诊。

视频1-10

蛙泳：患蛙泳的鱼摄食结束后将头伸出水面吞咽空气，可持续半小时之久

【预防】　①改传统的抛投式投饵机为风送投饵机。②做好投喂管理，坚持四定原则（即定时、定点、定质、定量），以投喂到8分饱为宜。③在投饵区设置底层微孔增氧或者投饵区外架设水车增氧机，投喂前10分钟打开增氧机（图1-55）。

【临床用药指南】　①蛙泳较为严重的池塘加量投喂强肝利胆类药物7~10天。②发生蛙泳的池塘重新设定投饵机的投喂程序，降低投料速度。

图1-55　投饵前10分钟打开投饵区增氧机可缓解蛙泳症状

# 第二章 鳃盖、鳃丝异常对应疾病的鉴别诊断与防治

## 第一节 诊 断 思 路

鳃盖、鳃丝异常的诊断思路见表2-1。

表 2-1　鳃盖、鳃丝异常的诊断思路

| 检查部位 | 检查的重点内容 | 主要症状 | 初步诊断的结果 |
| --- | --- | --- | --- |
| 鳃盖及鳃丝 | 鳃盖内外表皮 | 鳃盖腐蚀、开天窗 | 细菌性烂鳃病（鳃盖内表皮腐蚀，"开天窗"） |
| | | | 寄生虫叮咬后诱发的细菌性烂鳃病 |
| | | | pH长期偏高或偏低造成鳃丝腐蚀 |
| | | | 药物泼洒不均匀造成鳃丝腐蚀 |
| | | 鳃盖畸形 | 营养不均衡导致的鳃盖畸形 |
| | | | 喉孢子虫病 |
| | | 鳃盖张开 | 缺氧（详见第五章） |
| | | | 指环虫病 |
| | | | 鳜虹彩病毒病 |
| | 鳃盖外观及内侧检查 | 鳃盖充血或者鳃盖后缘出血 | 草鱼出血病（红鳍红鳃盖型） |
| | | | 细菌性败血症 |
| | | | 异育银鲫鳃盖后缘出血症 |
| | | | 鱼虱病 |
| | | 鳃盖内侧大型寄生虫 | 扁弯口吸虫病 |
| | | | 湖蛭病 |

| 检查部位 | 检查的重点内容 | 主要症状 | 初步诊断的结果 |
|---|---|---|---|
| 鳃盖及鳃丝 | 鳃丝外观检查 | 鳃丝出血 | 异育银鲫鳃出血病 |
| | | 鳃丝白点或黑点 | 中华蚤病（详见第一章） |
| | | | 剑水蚤病（详见第一章） |
| | | | 钩介幼虫病 |
| | | | 汪氏单极虫病 |
| | | | 瓶囊碘泡虫病 |
| | | | 微山尾孢虫病 |
| | | | 茄形碘泡虫病 |
| | | | 小瓜虫病 |
| | | | 嗜酸性卵甲藻病 |
| | | | 淀粉卵甲藻病 |
| | | | 双身虫病 |
| | | 鳃丝鲜红 | 大红鳃病 |
| | | | 药物泼洒不均匀引起的大红鳃病 |
| | | 鳃丝发白 | 白鳃病 |
| | | | 肝胆综合征 |
| | | | 鳜虹彩病毒病 |
| | | 鳃丝发暗 | 花鲢、白鲢细菌性败血症 |
| | | | 鳃霉病 |
| | | | 氨氮中毒 |
| | 鳃丝镜检 | 通过鳃丝镜检诊察的其他问题 | 三代虫病 |
| | | | 指环虫病 |
| | | | 车轮虫病（详见第一章） |
| | | | 斜管虫病 |
| | | | 杯体虫病 |
| | | | 固着类纤毛虫病 |
| | | | 台湾棘带吸虫病 |
| | | | 毛腹虫病 |
| | | | 鳃隐鞭虫病 |
| | | | 血居吸虫病 |
| | | | 波豆虫病 |
| | | | 切头虫病 |
| | | | 气泡病（详见第一章） |
| | | | 血窦 |
| | | | 鳃丝棍棒化 |

# 第二节  常见疾病的鉴别诊断与防治

## 一、细菌性烂鳃病

【病原】病原为柱状黄杆菌，为革兰氏阴性菌。

【流行特点】可危害几乎所有鱼类及南美白对虾、河蟹等甲壳类，从苗种至成鱼均可发生，尤其1龄草鱼发病最为严重。一般流行于4~10月，夏季流行最多，在水温15℃以上时开始流行；15~30℃范围内发病率随水温升高而增加，常和细菌性肠炎、赤皮病、细菌性暴发性出血病等并发。

【临床症状和剖检病变】病鱼缓游或静卧于池塘下风及背风处，体色发黑（尤其是头部，如图2-1所示），也称为"乌头瘟"，偶尔可见鳍条发黑的情况。鳃盖骨内表皮充血发炎，严重时中间部分的表皮腐蚀成一个圆形不规则的透明小孔，俗称"开天窗"（图2-2）。剪去鳃盖骨可见黏液增多，鳃丝腐烂，常附着污泥和杂物碎屑（图2-3和图2-4），严重时鳃丝腐蚀，软骨外露（图2-5和视频2-1）。镜检可以看到鳃丝上有大量血窦（图2-6）。

图2-1  患病草鱼头部发黑

图2-2  患病草鱼头部发黑，鳃盖腐蚀，外观"开天窗"

图2-3  患病草鱼鳃丝末端腐烂，黏附有有机质、污物

图2-4  患病罗氏沼虾鳃丝发黑、腐烂

图 2-5　患病草鱼、花鲢鳃丝腐烂，软骨外露

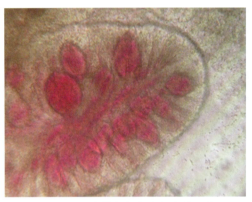

图 2-6　患病草鱼鳃丝上有大量血窦

🎥 视频 2-1

细菌性烂鳃病：患细菌性烂鳃病的草鱼鳃丝颜色变浅，鳃丝末端腐蚀，黏液增多

【预防】①养殖结束后用生石灰或漂白粉彻底清塘，杀灭池塘底部及池梗的病原。②易发病季节在投饵区使用氯制剂或生石灰挂袋。③调节好水质，改良底质，降低水体中有机质含量。④定期对鱼做标准化体检，控制鳃部寄生虫数量。

【临床用药指南】

1）外用：一旦发生本病，使用优质碘制剂泼洒，含量为 10% 的聚维酮碘溶液 500 毫升泼洒 1~2 亩，隔天再用 1 次。

2）内服：①恩诺沙星拌饲内服，剂量为每千克鱼体重 20~40 毫克，每天 2 次，连喂 5~7 天。②氟苯尼考拌饲内服，剂量为每千克鱼体重 10~20 毫克，每天 1 次，连喂 5~7 天。

【注意事项】①除了细菌会引起烂鳃病外，寄生虫寄生、水质过酸或者过碱、高浓度高腐蚀性的药物泼洒不均匀等情况也可引起烂鳃，诊断时需结合鳃丝镜检、水质检测及用药情况具体分析，对症下药，方能精准治疗。②氯制剂刺激性较大，应避免用于鳃病的处理。③水产药物生产企业鱼龙混杂，尤其是内服用的抗生素，质量参差不齐，效果差异很大，选择符合国家规范的企业生产的药物是治愈疾病的基本前提。④拌服氟苯尼考时不要添加维生素 C，否则会影响氟苯尼考的药效。

## 二、营养不均衡导致的鳃盖畸形

【病因】有些品种养殖规模小，饲料用量少，对其基础营养需求的研究不足，导致人工配合饲料营养不均衡，不能完全满足养殖的水生动物健康生长的需要；有些饲料代工厂根据养殖户的需求加工饲料，品质稳定性差，不能完全满足鱼类健康生长的需求。

【流行特点】 翘嘴红鲌（图 2-7）、鲤、异育银鲫（图 2-8）、草鱼（图 2-9 和视频 2-2）等多个品种均有发生，呈局部散在性发生。其发生率与饲料原料价格的波动有一定的相关性。

图 2-7　长期摄食营养不均衡的人工配合饲料导致
翘嘴红鲌鳃盖畸形

图 2-8　长期投喂自配料的异育银鲫鳃盖畸形

图 2-9　投喂营养不均衡饲料的草鱼鳃盖畸形

**视频 2-2**

畸形（鳃盖畸形）：患病草
鱼头骨萎缩，形态异常

【临床症状和剖检病变】 发病鱼无明显行为异常，在鱼体检查时可见鳃盖畸形，摄食正常，生长速度相对较慢，抗应激能力弱。

【预防】 ①加强基础研究，探明养殖的水生动物的营养需求。②制作饲料时选用优质原料，少用替代原料。③构建标准化的鱼体检查措施，在初期发现问题，及时干预可有效缓解本病。④科学投喂，坚持四定原则。

【临床用药指南】 已经大规模发生本病的池塘无良好的补救措施，发病初期可通过更换优质饲料的方式进行处理。

## 三、草鱼出血病（红鳍红鳃盖型）

【病原】 病原为草鱼呼肠孤病毒。

【流行特点】 草鱼出血病是一种全国广泛流行且危害严重的疾病，在草鱼的主要养殖区如湖北、江西、湖南、广东、江苏、安徽、东北等地发病严重，主要危害草鱼及青鱼鱼种，发病规格一般为 750 克以下，1500 克以上的草鱼及青鱼发生草鱼出血病的概率大幅降低。发病水温为 22~33℃，27~30℃发病最为严重，在适宜水温范围内若处理不当可持续发病，单口池塘的发病期可超过 2 个月，发病引起的死亡率往往超过 50%，部分池塘甚至超过 90%。

本病对水温敏感，在敏感水温外几乎不发病，主要通过鱼体接触等方式进行传播。一旦发病，若使用如二氧化氯、苯扎溴铵、二硫氰基甲烷等消毒剂，死亡量会迅速上升。

近几年草鱼出血病疫苗在养殖区大量推广使用，草鱼出血病的发病率已经大大降低，危害进一步减小。

【临床症状和剖检病变】草鱼出血病有 3 种类型，分别是：①红肌肉型；②红鳍红鳃盖型；③肠炎型。其中红鳍红鳃盖型主要特征是濒死鱼体表尤其是口腔、眼球（图2-10和视频2-3）、下颌、鳃盖（图2-11）及各鳍条（图2-12）明显充血或出血，除此之外可能伴有肌肉出血、肠道出血、体表溃烂等其他症状。

图 2-10　患病草鱼口腔出血、眼球红肿外突

视频 2-3

草鱼出血病（红鳍红鳃盖型）：患病草鱼眼球红肿外突，口腔出血，鳃盖出血

图 2-11　患病草鱼鳃盖充血发红

图 2-12　患病草鱼腹鳍、臀鳍出血

【诊断】根据流行特点、症状及病变可初步诊断，确诊需采用分子生物学、细胞培养技术或者电镜观察。

🔲 临床诊断要点　①池塘中只死草鱼或青鱼。②发病的草鱼、青鱼规格大多小于 750 克。③用抗生素治疗无效。④濒死鱼口腔充血，肠道弹性好，结构完整，无内容物。

【预防】病毒性疾病目前仍无特效药，做好预防工作是防控的关键。对病毒病的预防应从切断传播途径，提升鱼体免疫力等方面进行，可以做好以下工作：①调节好水质，保持水质的稳定及优良，保证溶解氧的充足。②正确投喂，投喂质量可靠、配比科学的饲料，根据水温灵活调整投饵率，保证鱼体营养的均衡供给，可增强鱼体体质，降低本病的发生率及死亡率。③注射草鱼出血病疫苗是预防草鱼出血病的有效方法。④发过病的池塘养殖结束后彻底清塘，杀灭环境中的病毒。⑤苗种购进时对苗种进行检疫，选择不携带病毒的苗种。

【临床用药指南】草鱼出血病发生以后，保持水质稳定，关注防控细节，一般不会大规模暴发，损失可控。

一旦发病，先停止投喂 3~7 天（停止投喂直至死亡量下降到稳定），然后外用优质碘制剂泼洒，内服抗病毒的药物如板蓝根等可以控制本病发展。值得注意的是，病毒病发生后防止细菌的继发感染是非常重要的措施。具体治疗方法：

1）外用：第 1 天下午，有机酸优化水环境；第 2 天上午，碘制剂按推荐剂量兑水后全池泼洒，隔天再用 1 次。

2）内服：先停料 3~7 天，待死亡量下降到稳定后从正常投饵量的 1/3 开始投喂，同时在饲料中添加板蓝根（金银花）、免疫多糖、维生素、恩诺沙星（有细菌并发感染时需添加）等一起投喂，每天 2 次，连续投喂 5~7 天。

【注意事项】①草鱼呼肠孤病毒有 3 个亚种，在制作、注射灭活疫苗工作时最好选择当地的发病鱼为材料制作的疫苗，才能保证效果，如果注射的疫苗亚型不对，免疫保护效果很差。②体重 150 克以下的鱼苗注射疫苗保护率较高，体重超过 750 克的草鱼注射疫苗意义不大。③因各地购买的药物如板蓝根、恩诺沙星、维生素等品牌不同，质量差异较大，具体使用剂量请咨询购买场所的技术人员。④病毒性疾病发生后，外用消毒剂只能选择碘制剂，在疾病治疗过程中，切勿换水、泼洒杀虫剂、过量投料、使用刺激性的化学类底质改良剂，勤开增氧机，保证溶解氧充足。⑤盐酸吗啉胍（病毒灵）在治疗草鱼出血病时有一定的效果，但是其属于人用药物，水产养殖中禁止使用。⑥停料时间及效果每个池塘都有所差异，具体应停至死亡量稳定时。

## 四、细菌性败血症（细菌性出血病）

【病原】病原主要是嗜水气单胞菌、温和气单胞菌、豚鼠气单胞菌等也可引起本病，均属革兰氏阴性菌。

【流行特点】细菌性败血症可引起几乎所有鱼类暴发性死亡（图 2-13），是造成淡水鱼损失最大的一种细菌性疾病，流行时间为 5~9 月，水温越高流行概率越大，暴发性越强，致死率越高。更容易发生于淤泥较厚、长期不清淤或清塘不彻底的池塘，这样的池塘一旦发生过本病，往往以后每年都会发生。台风后、暴雨后、进水后也是本病暴发的重要时间节点。

图 2-13　本病可导致多种鱼类暴发性死亡

【临床症状和剖检病变】濒死鱼体表充血、出血严重，病鱼的吻端、下颌、眼球、鼻腔、鳃盖（图 2-14 和图 2-15）、各鳍条充血发红（图 2-16 和视频 2-4），鳍条末端发白，肛门红肿出血，腹部膨大，有红色带血腹水，腹腔膜、腹腔脂肪出血（图 2-17），肝胰脏、脾脏、肾脏肿大、严重出血，肠道出血（图 2-18），卵巢严重出血（图 2-19）、发红，鱼鳔严重出血（图 2-20）。

【诊断】根据发病水温，结合发病鱼的种类、出血的典型特征可以确诊。

💬 临床诊断要点　①发病后同一池塘中死亡鱼的种类往往超过 3 种。②水温越高，发病越严重，死亡率越高。③体表、眼球、鳃盖等处出血形态为弥散性出血。④鱼鳔弥散性出血。⑤肠道内充满脓液或充气，肠壁薄，轻扯易断。

图 2-14 患病银鲫眼球、鳃盖严重出血

图 2-15 患病青鱼眼球、鼻腔出血

图 2-16 患病银鲫鳍条、肛门出血

图 2-17 患病草鱼腹腔膜严重出血

图 2-18 患病团头鲂肝胰脏、肠道严重出血

视频 2-4
细菌性败血症：患病花鲢胸
鳍基部出血，鳃丝颜色变浅

【预防】 ①充分晒塘，彻底清塘，杀灭池塘底部及池梗的病原。②易发病季节在投饵区域使用含氯制剂（或生石灰）泼洒或挂袋，可预防本病发生。③调节好水质，降低水体中有机质含量，保持水质优良、稳定。④重点关注锚头蚤等大型甲壳类寄生虫的寄生情况，其叮咬鱼体造成的伤口在高温季节极易造成细菌的继发感染，引起本病暴发。高温季节花鲢、白鲢的细菌性败血症大多与锚头蚤的叮咬有关。⑤高温季节，暴雨前一天使用化学类底质改良剂，可避免雨后有害细菌及池底废物的集中释放；雨后及时泼洒消毒剂，可促进鱼体伤口恢复，降低有害细菌数量，均可避免细菌性败血症的暴发。

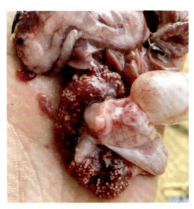
图 2-19 患病团头鲂卵巢严重出血

图 2-20 患病草鱼鱼鳔弥散性出血

【临床用药指南】

1）外用：①一旦发生本病，使用优质碘制剂兑水后全池泼洒，含量为 10% 的聚维酮碘溶液每亩泼洒 500 毫升，隔天再用 1 次。②苯扎溴铵溶液兑水后全池泼洒，剂量为每升水体 0.5~1.0 毫克，隔天再用 1 次。③含氯制剂兑水后全池泼洒，剂量为每升水体 1.5~2.0 毫克，隔天再用 1 次。

2）内服：①恩诺沙星（可复配硫酸新霉素）拌饲内服，每天 2 次，剂量为每千克鱼体重 20~40 毫克，连喂 5~7 天。②氟苯尼考拌饲内服，剂量为每千克鱼体重 10~20 毫克，每天 1 次，连喂 5~7 天。

【注意事项】①本病为条件致病性疾病，水体中病原菌数量较多、鱼体或消化道存在伤口等条件同时存在时才会导致本病发生。因此加强鱼体检查频率，及时对体表及消化道伤口进行处理可有效预防本病。②寄生虫尤其锚头蚤是诱使本病暴发的重要原因，需加强关注。③本病的危害程度跟水温成正比，温度越高，暴发越快，死亡量越大，一旦确诊，应第一时间给药处理，避免造成大的损失。④斑点叉尾鲫等肉食性鱼类的养殖池塘中花鲢、白鲢因本病死亡后，应及时将病死鱼打捞，否则健康的斑点叉尾鲫会啃食病死鱼，将高致病的病原摄入消化道，一旦消化道有溃疡等入侵途径，病原就可入侵引起发病。⑤外用消毒剂的选择应结合水质情况，水质不良、天气不好时，苯扎溴铵等表面活性剂慎用，其对藻类影响较大，可能导致藻类死亡引起泛塘。⑥治疗细菌性疾病时，应保证一定的投饵率（不要刻意降低投饵率），以保证所有鱼类能够摄入足量的药物。

## 五、异育银鲫鳃盖后缘出血症

【病原】病原尚未明确，相关鉴定工作正在进行，按照革兰氏阴性菌引起的疾病处理，可取得较好的效果，判断为细菌感染引起的疾病。

【流行特点】流行时间为 6~8 月，水温为 18~32℃最易发生。目前观测到的发病鱼种只有异育银鲫，可感染各个生长阶段的异育银鲫，尤其是鱼种发病率较高，成鱼也有少量发生，最适发病期异育银鲫种养殖区发病率可达 50%，部分池塘死亡率超过 80%（图 2-21 和图 2-22）。

【临床症状和剖检病变】濒死鱼离群独游，池塘下风处可见大量散的漫游病鱼。病鱼体色正常，鳍条外观正常，有时可见尾鳍末端发白。典型特征为濒死鱼鳃盖后缘有一圈项圈状出血带（图 2-23 和视频 2-5），剪开鳃盖可见内侧严重出血（图 2-24），胸鳍基部出血严重，鱼体其他部位无充血及出血现象。解剖濒死鱼可见内脏外观形态基本正常，肝胰脏颜色较浅（图 2-25）。

图 2-21　异育银鲫鳃盖后缘出血症可导致
银鲫大量死亡

图 2-22　死亡的银鲫鳃盖后缘可见明显出血

图 2-23　病鲫鳃盖后缘出血、胸鳍基部出血

图 2-24　病鲫鳃盖后缘、鳃盖
内侧严重出血

图 2-25　病鲫的肝胰脏颜色较浅

**视频 2-5**

异育银鲫鳃盖后缘出血症：
病鲫鳃盖后缘有一圈项圈样
出血

【诊断】　根据流行特点及鳃盖后缘出血的典型症状可做出诊断。

💬 临床诊断要点　①鳃盖后缘有一圈明显的出血。②鳃盖内侧严重出血。③解剖后腹腔无腹水。④鱼鳔没有点状出血点。⑤混养池塘中只有鲫发病。

【预防】　同大红鳃病。

【临床用药指南】

1）外用：一旦发生本病，使用优质碘制剂全池泼洒，含量为2%的复合碘溶液500毫升泼洒3亩，隔天再用1次。

2）内服：恩诺沙星内服，每天2次，剂量为每千克鱼体重20~40毫克，连喂5~7天。

【注意事项】①对本病的预防可参考由细菌感染引起的大红鳃病。②发病后使用优质碘制剂泼洒，连用2次对本病疗效确切。③注意本病与异育银鲫鳃出血病的区别，避免误诊。④发病后严禁大量进排水，不要使用肥水膏等生物肥。

异育银鲫鳃病的区分见表2-2。

表2-2 异育银鲫鳃病的区分

| 病名 | 病原或病因 | 主要症状 | 治疗难度 |
|---|---|---|---|
| 异育银鲫鳃盖后缘出血症 | 细菌感染 | 鳃盖后缘有一圈出血，目前只有鲫发病 | 较易治疗 |
| 异育银鲫鳃出血病 | 病毒感染 | 鳃丝流血、死鱼鳃盖靠近水面的一侧有红斑、鱼鳔点状出血、下颌点状出血，目前只有鲫发病 | 只能控制死亡，无法用药治愈，敏感温度外可不治而愈 |
| 大红鳃病 | 细菌感染 | 鳃丝鲜红、下颌发黄、腹腔有黄色半透明腹水，多种鱼类可发病 | 可治疗，治疗难度大，需关注多个细节 |
| 细菌性烂鳃病 | 细菌感染 | 鳃丝腐蚀，多种鱼类可发病 | 可治疗 |

## 六、喉孢子虫病（洪湖碘泡虫病）

【病原】病原为洪湖碘泡虫，寄生于鲫咽喉部位。

【流行特点】主要危害异育银鲫，水花、鱼苗、鱼种及成鱼均可感染。水丝蚓是孢子虫的重要中间寄主（图2-26）。4~10月为流行季节，夏初秋末为流行高峰，水温超过30℃时发病大幅降低。发病后处理不当可引起异育银鲫大量死亡（图2-27），部分池塘死亡率高达90%以上。

刘新华 摄

图2-26 水丝蚓是孢子虫的重要中间寄主

图2-27 喉孢子虫病引起异育银鲫大量死亡

【临床症状和剖检病变】　发病后可在池塘下风处或进排水口处看到大量丧失活力的濒死鱼。濒死鱼体色发黑，偶尔可见鳍条发黑，眼球突出（图2-28），鳃盖张开（图2-29），死鱼的鳃盖也张开，咽部红肿（图2-30），解剖红肿部位可见里面充满白色豆腐样虫体（图2-31）。感染后期包囊增大、堵塞病鱼食道（图2-32和视频2-6），导致病鱼摄食困难，鱼体逐渐消瘦，直至死亡（图2-33）。

图 2-28　病鱼体色发黑，眼球突出

图 2-29　病鱼鳃盖张开，无法正常闭合

图 2-30　病鱼咽喉红肿

图 2-31　包囊内充满白色豆腐样虫体

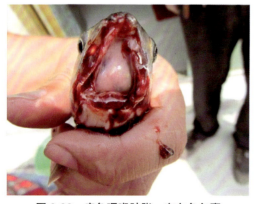

图 2-32　病鱼咽喉肿胀，有白色包囊

**视频 2-6**

喉孢子虫病：病鲫咽喉红肿，咽喉部位虫体形成巨大的包囊

图 2-33　感染洪湖碘泡虫的异育银鲫外观

【诊断】　根据流行特点、典型症状可做出初步诊断；镜检咽部白色豆腐样包囊发现洪湖碘泡虫即可确诊（图 2-34）。

💬 **临床诊断要点**　病鱼①体色发黑。②眼球突出。③鳃盖张开。④咽喉单侧或双侧红肿。⑤摄食减少或不摄食。⑥鱼体消瘦（感染后期）。

【预防】　①发病池塘养殖结束后充分晒塘，每亩用 250~300 千克的生石灰、750 克敌百虫带水清塘，杀灭寄生虫幼虫和中间寄主。②异育银鲫养殖池塘套养适量黄颡鱼或者扣蟹，利用

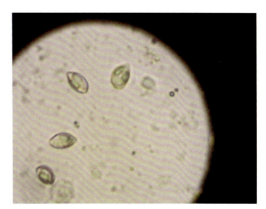

图 2-34　洪湖碘泡虫显微图

黄颡鱼等摄食中间寄主水丝蚓从而降低本病的发生率。③孢子虫易发季节定期用百部贯众散拌料投喂，可预防孢子虫病。

【临床用药指南】

1）外用：①晴天上午，使用渔用敌百虫全池泼洒，剂量为每升水体 1.0~1.2 毫克，每天 1 次，连用 2 次，中间间隔 1 天。②晴天上午，使用含量为 45% 的环烷酸铜溶液 100 毫升/亩兑水后全池泼洒，每天 1 次，连用 2 次，中间间隔 1 天。

2）内服：①百部贯众散按 2.5 千克/吨饲料的剂量拌料投喂，每天 1 次，连喂 5~7 天。②含量为 0.5% 的地克珠利预混剂按 25 千克/吨饲料的剂量拌料投喂，每天 2 次，连喂 5~7 天。③含量为 50% 的盐酸氯苯胍按 1200 克/吨饲料的剂量拌料投喂，每天 1 次，连喂 5~7 天。④含量为 50% 的盐酸左旋咪唑拌料投喂，剂量为每千克鱼体重 4~8 毫克，每天 1~2 次，连喂 5~7 天。以上药物视养殖模式可以搭配使用，详见注意事项。

【注意事项】　①敌百虫为有机磷杀虫剂，具胃毒及触杀功能，泼洒后可引起鱼类短期内摄食不佳甚至拒食，若治疗疾病时需配合药物内服，应避免使用敌百虫。②盐酸氯苯胍毒性较大，按推荐剂量拌料会导致草鱼死亡。③盐酸氯苯胍使用时必须拌匀，否则会引起异育银鲫死亡。需足量使用，剂量不足会影响治疗效果。④盐酸氯苯胍易形成耐药性，不应作为预防药物。⑤盐酸氯苯胍有效剂量范围较小，治疗过程中需严格按照推荐剂量添加。⑥异育银鲫精养池塘可将盐酸氯苯胍、盐酸左旋咪唑、百部贯众散、地克珠利、磺胺嘧啶 5 种药按推荐剂量拌料投喂，对喉孢子虫病治疗效果较好；草、鲫混养池塘发病后不可使用盐酸氯苯胍。

## 七、异育银鲫鳃出血病（异育银鲫造血器官坏死病）

【病原】病原为鲤疱疹病毒Ⅱ型。

【流行特点】2007年在盐城市首次被发现，2011年起开始流行，现在全国都有发病，已经导致主产区异育银鲫产量降至不到高峰期的1/10。发病鱼种为鲫（主要是异育银鲫，黄金鲫也偶见发病），同塘其他鱼不发病，从水花到成鱼都可以发病，成鱼发病率高于水花。16~28℃为其主要流行水温，3月底开始发病，10月后减少，水温持续在30℃以上3~5天可不治而愈。传播方式有水平传播及垂直传播，水源、网具、濒死鱼、疫区的苗种都可导致本病的传播和流行。

【临床症状和剖检病变】感染后的鱼摄食亢奋。濒死鱼离群独游（数量较少），全身发黑，病鱼捞出水面后，鳃丝即开始大量出血（图2-35和图2-36）。死鱼靠近水面一侧的鳃盖上有一个胭脂色斑块，养殖户称之为"美人斑"（图2-37和图2-38）。检查濒死鱼，可见眼球及下颌（图2-39）、胸鳍基部点状出血，各鳍条末端发白，部分鱼有体表出血的现象。解剖可见内脏粘连，肝胰脏充血严重，部分鱼有黄色半透明腹水，鱼鳔点状出血（图2-40）。

图2-35　鳃丝大量出血的异育银鲫

图2-36　刚捞出水面的濒死鱼鳃丝大量流血

图2-37　死鱼鳃盖上的胭脂色斑块细节图

图2-38　死鱼鳃盖上的胭脂色斑块

图2-39　病鱼下颌点状出血

【诊断】　根据流行特点、典型症状及病变可初步诊断，确诊需用分子生物学方法。

💬 **临床诊断要点**　①死鱼靠近水面一侧的鳃盖有一个胭脂色斑块。②濒死鱼捞出水面后鳃丝大量出血（视频2-7）。③濒死鱼下颌点状出血。④病死鱼鱼鳔点状出血。⑤混养池塘只死鲫。

图2-40　病死鱼鱼鳔点状出血

🎥 **视频2-7**
异育银鲫鳃出血病：患病濒死鱼捞出水面后鳃丝出血

【预防】　①调节好水质可降低本病的发生率，主要是维持水质的稳定尤其是溶解氧稳定（重点要提高投饵区溶解氧含量），避免低溶解氧胁迫的发生，同时应避免pH长期高于9.0。②科学投喂，春末投喂时应适当提高饲料档次，快速提升越冬后鱼的体质，对预防本病有一定的作用。③上半年在水温16℃，下半年在水温30℃时即开始加量投喂免疫增强剂，投喂时间不低于10天，提高鱼体免疫力。④将传统的抛投式投饵机更换为风送投饵机，可以提高投饵区溶解氧含量，降低鱼摄食时的密度，降低病原的传播速度。⑤发过病的池塘应彻底消毒，清除病原。⑥有条件时对苗种进行检疫，不养带毒苗种。

【临床用药指南】　①死鱼数量迅速上升时（成倍增长时）应立即停止投料，停料至死鱼数量下降到稳定（不再下降）后再恢复投料，投饵率从停料前的1/3开始逐渐恢复到正常数量，同时在饲料中加量添加板蓝根、免疫制剂、维生素等，如果有细菌继发感染，还应该添加敏感抗生素。②死鱼数量稳定时应保守治疗，不要外用消毒剂（包括碘制剂）及杀虫剂，否则可能诱使本病快速地暴发。③五倍子末具有消炎、止血、收敛等功能，可清除体表黏液，促进伤口恢复。五倍子末加盐一起泼洒可用于鳃出血病暴发后的处理，对抑制疾病的发展有一定的作用。

【注意事项】　①根据检测，病鱼黏液中含有大量病毒，抢食时鱼类的相互接触会导致病毒的传播和流行。因此发病后可以通过停料的方式降低鱼类的接触从而降低病毒的传播，待病情稳定后再逐步恢复投料。②本病超出流行水温后可不治而愈。上半年发病的池塘可通过停料或者减少投料、增强免疫力等方法等待水温回升，带毒养成的概率较高。下半年发病后如果死亡量较大，应及时捕捞销售，减少损失。③疫区异育银鲫苗种带毒率接近100%，带毒养成已经成为异育银鲫养殖中不可避免的问题，加强对带毒养成技术的集成刻不容缓。④新的鲫品种如中科5号、合方鲫、白金鲫，可作为中科3号的替代品种进行推广。⑤停料至死鱼数量下降到稳定时即应恢复投料，不可长时间停料，否则会导致鱼体虚弱，发病概率提高。

## 八、钩介幼虫病

【病原】　病原为钩介幼虫。

【流行特点】钩介幼虫可感染多种淡水鱼，尤其草鱼、青鱼、鲤、白鲢、花鲢、鳜等易感，是苗期危害较大的病害之一。流行时间主要在春末夏初，短期内可引起鱼苗大量死亡。

【临床症状和剖检病变】钩介幼虫寄生于鱼的吻部、鳃丝（图 2-41 和图 2-42，视频 2-8）、鳍条（图 2-43）及体表等部位。寄生初期肉眼可见病鱼鳃丝有白点（图 2-44）。大量寄生时，鱼体组织增生，色素消退，形成乳白色或黄色包囊。钩介幼虫寄生的鱼苗吻部发白，头部充血发红，俗称"红头白嘴病"（图 2-45）。

视频 2-8

钩介幼虫病：寄生在鲤鳃丝的钩介幼虫显微形态

图 2-41　钩介幼虫寄生后导致鳃丝严重受损

图 2-42　病鲤鳃丝的钩介幼虫显微图

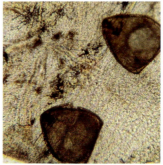

图 2-43　寄生在鳍条、鳞片的钩介幼虫显微图

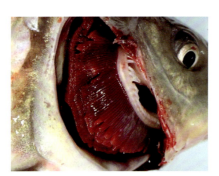

图 2-44　钩介幼虫寄生在鲤鳃丝部位形成的白点

图 2-45　寄生钩介幼虫的草鱼苗"红头白嘴"

【诊断】　对病鱼病灶部位进行显微镜检查，发现数个钩介幼虫即可确诊。

🔲 临床诊断要点　①长期不清塘或者鱼蚌混养池塘易患本病（图2-46）。②鳃丝、体表、鳍条有肉眼可见的白点。③病鱼焦躁不安，狂游。④镜检鳃丝、鳍条等部位发现钩介幼虫。

图 2-46　鱼蚌混养池塘易患钩介幼虫病

【预防】　①养殖结束后每亩用250~300千克的生石灰或者40~50千克的茶籽饼带水清塘，杀灭池中的河蚌。②鱼苗、鱼种培育池中不混养蚌类。③发病初期，将病鱼转运到没有河蚌的鱼池饲养，病情可好转。

【临床用药指南】　①晴天上午，使用渔用敌百虫兑水后全池泼洒，剂量为每升水体0.7~1毫克，每天1次，连用2天。②晴天上午，使用4.5%氯氰菊酯溶液兑水后全池泼洒，剂量为每升水体0.02~0.03毫升，隔天再用1次。

## 九、小瓜虫病

【病原】　病原为小瓜虫，生活史分成虫期、幼虫期和胞囊期。可寄生在鱼的体表、鳍条及鳃丝，虫体内有一马蹄形的亮核（图2-47），属纤毛虫类寄生虫。

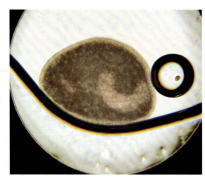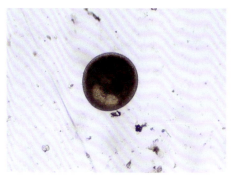

图 2-47　小瓜虫显微图，可见虫体内的马蹄形亮核

【流行特点】　从鱼苗到成鱼都可感染，全国各地都可发生，危害较大，小水体如水泥池、流水槽、工厂化循环水及高密度养殖水体发病更甚，可危害各种鱼类。小瓜虫适宜繁殖水温为15~25℃。以前认为当水温降至10℃或升至30℃以上时虫体停止发育，本病可不治而愈，但是一线养殖中监测到部分水体水温升高到32℃时虫体仍可存活并引起发病的情况。小瓜虫对水温的耐受力可能正在变强。

【临床症状和剖检病变】　被感染的鱼黏液异常分泌，表皮糜烂、脱落，游动缓慢，反应迟钝。体表、鳍条、鳃部有无数针尖样白点（图2-48和图2-49），严重感染时鱼有"擦身"的行为。随着感染进一步加剧，鱼体分泌大量黏液包裹虫体（图2-50），体表白点加厚、连片，病鱼体表溃烂直至死亡。

图2-48　小瓜虫寄生在斑点叉尾鮰体表形成大量针尖样白点

图2-49　小瓜虫寄生在草鱼鳃丝形成大量针尖样白点

图2-50　感染小瓜虫的草鱼体表分泌大量黏液

【诊断】　镜检病鱼体表白点发现小瓜虫（图2-51和视频2-9）即可确诊。

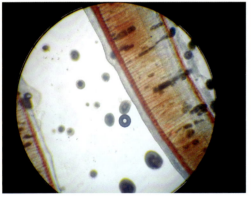

图2-51　小瓜虫大量寄生在草鱼鳃丝的显微图

视频2-9

小瓜虫病：小瓜虫体内有明显的马蹄形亮核，可以运动

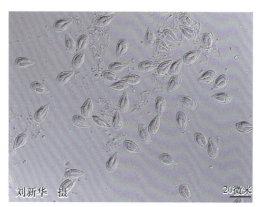

**临床诊断要点**　①体表、鳍条、鳃丝均有肉眼可见的针尖样白点。②发病水体偶见混浊，为虫体脱落所致。③发病水体的水质清瘦，透明度大，浮游生物量少。④感染鱼的体表、鳃丝黏液异常增多。⑤发病池塘的鱼短期内摄食大幅减少甚至不摄食。

【预防】　①养殖结束后每亩用 250~300 千克的生石灰带水清塘。②科学投喂，足量投喂适口饲料，提高鱼体抵抗力，可有效预防疾病。③养殖过程中调肥水质，通过生物防控的方法控制小瓜虫，效果较好（浮游动物可以摄食小瓜虫的幼虫，从而切断传播途径，降低感染率）。

【临床用药指南】　本病治疗困难，采用以下措施可能会有些效果：①小水体升高水温到 32℃以上并保持 24 小时以上，虫体会停止发育，从鱼体脱落。②辣椒生姜合剂全池泼洒。剂量为每立方米水体用辣椒 0.9~1.2 克、生姜 1.6~2.5 克加水煮沸至少半小时后，全池泼洒。每天 1 次，连用 2~3 天。③青蒿末每千克鱼体重 0.3~0.4 克拌料投喂，每天 1 次，连喂 5~7 天。④换水。从肥水池塘注入肥水，同时排除部分原池塘的水，使养殖池塘水质变肥，提高浮游动物丰度，可抑制本病的发展。

## 十、汪氏单极虫病（或瓶囊碘泡虫病）

【病原】　病原为瓶囊碘泡虫（图 2-52）、汪氏单极虫等，统称为鳃孢子虫。

【流行特点】　主要危害鲫的鱼苗及鱼种，4~10 月为流行季节，夏初为流行高峰。

【临床症状和剖检病变】　少量感染病鱼外观无明显异常，摄食正常。大量感染后病鱼鳃丝暗红或苍白，其上有数量不等、大小不一的包囊寄生（图 2-53~ 图 2-55），包囊呈白色或红色，外观圆润，周围出血。大量寄生后破坏鳃丝，影响呼吸，病鱼摄食减少。

刘新华　摄　　　　　　　　20微米

图 2-52　瓶囊碘泡虫显微图

【诊断】　根据流行特点、症状可做出初步诊断；镜检鳃丝上的白色包囊发现虫体即可确诊（图 2-56）。

图 2-53　瓶囊碘泡虫在鳃丝形成的白色包囊

图 2-54　鲫水花鳃部汪氏单极虫形成的包囊

图 2-55　瓶囊碘泡虫在鲫鳃丝形成的包囊

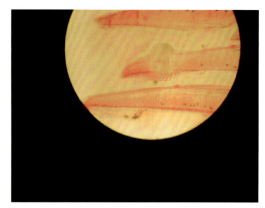

图 2-56　包囊在显微镜下的形态

**临床诊断要点**　①瓶囊碘泡虫形成的包囊较汪氏单极虫形成的包囊大很多。②瓶囊碘泡虫在鳃部形成的包囊个体较大，直径可达 1 厘米以上，数量不等，外观圆润，感染初期呈白色，感染中后期呈红色，感染末期包囊萎缩变成黑色硬块。③鳃丝上的包囊需压破才能看到虫体，压破前如图 2-57 所示，压破后虫体流出如图 2-58 所示。

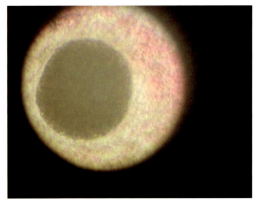

图 2-57　鳃部包囊显微图

图 2-58　鳃部包囊压破后虫体流出的形态

【防治措施】同喉孢子虫病。

【注意事项】①鳃孢子病一般不会引起鱼类死亡，少量寄生时可不作处理，会自行脱落。②优质碘制剂可增加药物的渗透性，增强主药效果，可作为外用药物的增效剂。③鳃孢子虫与喉孢子虫病原不同，感染了鳃孢子虫的鱼不一定会感染喉孢子虫。④镜检鳃丝发现如图 2-57 所示的包囊形态时，需用力将包囊压破才能观察到里面的虫体。

## 十一、微山尾孢虫病

【病原】病原为微山尾孢虫（图 2-59）。

【流行特点】主要危害鳜、乌鳢、沙塘鳢的鱼种及成鱼，流行于 4~7 月。

【临床症状和剖检病变】感染初期无明显症状，大量寄生后，可引起病鱼呼吸急促，摄食减少。虫体在鳃丝寄生后形成肉眼可见、大小不等的白色包囊（图 2-60 和图 2-61）。

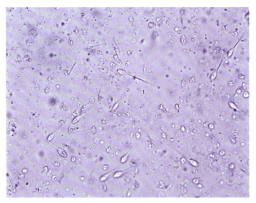

图 2-59 微山尾孢虫显微图，虫体细长

图 2-60 微山尾孢虫在沙塘鳢鳃丝形成的白色包囊

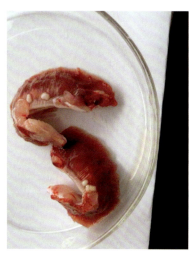

图 2-61 微山尾孢虫在鳜鳃丝形成的白色包囊

【诊断】 根据流行特点、症状可进行初步诊断；镜检鳃丝包囊即可确诊。

⬛ 临床诊断要点 ①微山尾孢虫主要寄生在鳃丝软骨附近，形成个体较大的白色包囊。②微山尾孢虫感染形成的包囊没有瓶囊碘泡虫形成的包囊圆润。

【预防】 同喉孢子虫病。

【临床用药指南】 外用：晴天上午，使用含量为 45% 的环烷酸铜 100 毫升 / 亩全池泼洒，每天 1 次，连用 2 次，中间间隔 1 天。

【注意事项】 ①鳜对敌百虫敏感，鳜养殖池塘不可使用敌百虫。②乌鳢对硫酸亚铁敏感，乌鳢养殖池塘不可使用硫酸亚铁。③当前鳜以摄食饲料鱼为主，药物投喂存在困难，病害防控以外用的方式为主。

## 十二、茄形碘泡虫病

【病原】 病原为茄形碘泡虫。

【流行特点】 主要危害 1 龄以上的鲤，呈散在性发生，全国各地的鲤主产区都有发病。主要流行于 4~10 月。

**【临床症状和剖检病变】** 少量感染时鱼无明显症状，大量寄生后可见鲤鳃丝有大量的白色包囊（图2-62），鳃丝结构被破坏，病鱼呼吸受到影响，有时呈浮头状，摄食减少，生长缓慢。

图 2-62　感染茄形碘泡虫的鲤的鳃丝

**【诊断】** 根据流行特点、外观症状及对鲤鳃丝的白点镜检后可以确诊。

**【防治措施】** 同喉孢子虫病。

### 十三、双身虫病

**【病原】** 病原为双身虫（图2-63和图2-64，视频2-10），虫体较大，肉眼可见，主要寄生在淡水鱼类的鳃部，属单殖吸虫类寄生虫。

图 2-63　双身虫外观形态

图 2-64　双身虫的外观

视频 2-10

双身虫病：双身虫的显微形态

【流行特点】　一般寄生在 2 龄及以上的草鱼、青鱼的鳃部，也可寄生于鳊等其他养殖鱼类的鳃部。

【临床症状和剖检病变】　病鱼焦躁不安，体色发黑，鳃丝苍白、鳃组织受损；大量寄生时肉眼可见鳃上有多个白色小点，鳃部黏液增多后鱼类呼吸受到影响，最终因呼吸困难及继发细菌感染而死亡。

【诊断】　镜检鳃部的白色小点可确诊。

💬 临床诊断要点　①双身虫形成的白点可运动。②肉眼可见虫体形态。

【防治措施】　同指环虫病。

## 十四、嗜酸性卵甲藻病

【病原】　病原为嗜酸性卵甲藻。

【流行特点】　可危害多种淡水鱼，对鱼苗的危害大于成鱼。一般发生在 pH 5~6.5 的偏酸性水体，春末至秋季感染最为严重。放养密度过大，水体偏酸，鱼体体质较弱是暴发的重要诱因。

【临床症状和剖检病变】　发病初期鱼体黏液增多，体表及鳍条等处出现白点。随着病情的发展，病鱼丧失游动能力、浮于水面，体表白点逐渐连片、加厚，体表好似裹了一层米粉，因此又称为"打粉病"。严重时病鱼因呼吸困难而大批死亡。

本病与小瓜虫病外观症状较为相似，主要区别是：

①嗜酸性卵甲藻形成的白点间有红色出血点（图 2-65）；小瓜虫形成的白点呈针尖状，中间没有红色出血点（图 2-66）。②显微镜下观察时，嗜酸性卵甲藻不运动，藻体间没有明显的马蹄形的亮核（图 2-67 和图 2-68）；显微镜下观察时，小瓜虫可转动，虫体中间可见典型的马蹄形的亮核（图 2-69 和图 2-70）。

图 2-65　寄生嗜酸性卵甲藻的草鱼外观

图 2-66　寄生小瓜虫的草鱼外观

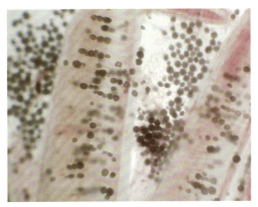

图 2-67　嗜酸性卵甲藻在鳃丝的寄生图

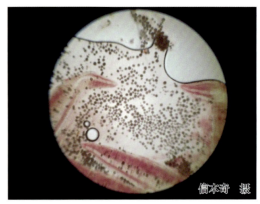

图 2-68　寄生于河豚鳃丝的嗜酸性卵甲藻

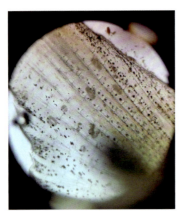

图 2-69　寄生于泥鳅鳍条的小瓜虫

图 2-70　小瓜虫显微图，虫体中间有马蹄形亮核

【诊断】　发现池鱼焦躁不安、摄食不佳时仔细检查鱼体，结合 pH 的检测，若发现大量嗜酸性卵甲藻即可确诊。

临床诊断要点　①养殖水体偏酸性，pH 低于 6.8。②体表的白点间有红色出血点。③显微镜下观察时藻体不运动。

【预防】　①构建标准化的水质检测流程，定期对水质进行检测，发现 pH 长期呈酸性时分析原因并及时处理，使水体 pH 呈弱碱性。②合理施肥，维持藻相平衡。

【临床用药指南】　发病后用剂量为 12.5~15 千克/亩的生石灰兑水后全池泼洒，pH 调高后嗜酸性卵甲藻可自行脱落，鱼体短期内即可恢复正常，视治疗效果可连用 2~3 次。

## 十五、淀粉卵甲藻病

【病原】　病原为淀粉卵甲藻。

【流行特点】　可危害几乎所有的海水鱼及咸淡水鱼类，南方养殖水域越冬期更易发生。

【临床症状和剖检病变】　肉眼可见病鱼的鳃、皮肤和鳍上有许多小白点，鳃呈灰白色。发病初期鱼体黏液增多，鳃丝、体表及鳍条等处出现白点（图 2-71 和图 2-72）。随着病情的发展病鱼丧失游动能力、浮于水面，严重时病鱼因呼吸困难及继发性的细菌感染而大批死亡。

图 2-71　淀粉卵甲藻在海鲈鳃丝寄生时
形成的白点

图 2-72　淀粉卵甲藻在鳃丝形成的白点

【诊断】　发现池鱼焦躁不安、摄食不佳时仔细检查鱼体，镜检后发现大量淀粉卵甲藻（图 2-73）即可确诊。

💬 临床诊断要点　①发病水体为海水或咸淡水。②发病水体水质清瘦。③显微镜下观察时藻体不运动。

【预防】　构建标准化的水质检测流程，定期对水质进行检测，保持养殖水体有一定的肥度，可抑制淀粉卵甲藻的暴发。

【临床用药指南】　①硫酸铜、硫酸亚铁合剂全池泼洒，剂量为每升水体 0.7~1 毫克，每天 1 次，连用 2~3 次。②杀灭淀粉卵甲藻后及时调肥水质，防止复发。

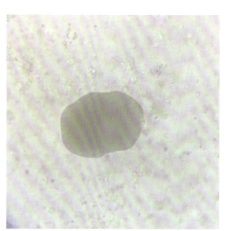

图 2-73　淀粉卵甲藻显微图

## 十六、鱼虱病

【病原】　病原为鱼虱，寄生于鱼的体表（图 2-74 和图 2-75）、鳃盖内侧、口腔等部位。鱼虱扁平，呈近圆形，由头、胸、腹 3 部分组成（图 2-76 和图 2-77）。我国危害较大的种类主要是日本鱼虱、椭圆尾鱼虱等。海水鱼虱（图 2-78）外观与淡水种类有所差异。

【流行特点】　主要感染各种淡水鱼的鱼苗及鱼种，青鱼、草鱼、白鲢、花鲢、鲤、鲫等大宗淡水鱼是易感寄主。少量寄生即可对寄主形成较大伤害。本病流行范围广，全国各水产养殖区域都可发生，主要流行于 5~8 月。

图 2-74　寄生在白鲢头部的鱼虱

图 2-75　寄生在鳜体表的鱼虱

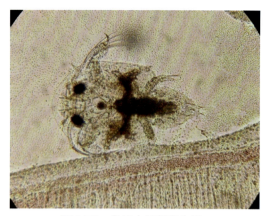

图 2-76　鱼虱在鳃部寄生图

图 2-77　成体鱼虱显微图

图 2-78　海水鱼虱形态图

【临床症状和剖检病变】　鱼虱属大型甲壳类寄生虫，其通过口刺刺伤皮肤、撕破表皮形成伤口。被寄生的鱼极度不安，在水中狂游、跳跃或在木桩上擦身。感染后期可见虫体寄生处继发细菌感染，病灶处出血、糜烂，若不加处理，病鱼很快死亡。

【诊断】　发现养殖鱼类有擦身、狂游等异常行为时，仔细检查鱼体、检测水质，在体表、鳃盖内侧等处发现鱼虱即可确诊。

🔲 临床诊断要点　①鳃盖、体表等处有白色半透明的运动小点。②白色半透明的小点附近出血。③病鱼焦躁不安，运动失常，常有擦身行为。④虫体有两个眼点（视频 2-11）。

🎥 视频 2-11

鱼虱病：鱼虱有 2 个黑色眼点，数对螯足

【防治措施】　同锚头蚤病。

【注意事项】　①鱼虱个体较大，通过口器刺破皮肤，在鱼体形成伤口，少量寄生就可造成鱼类死亡，发现鱼虱寄生应立即杀灭。②鱼虱是鳜、加州鲈养殖中的常见寄生虫，由于鳜、加州鲈对敌百虫敏感，这些池塘发生鱼虱病后不能使用敌百虫处理。

## 十七、扁弯口吸虫病

【病原】　病原为扁弯口吸虫，本病是扁弯口吸虫的囊蚴（图 2-79）寄生在鱼的肌肉引起的疾病。扁弯口吸虫生活史包括卵、毛蚴、胞蚴、雷蚴、尾蚴、囊蚴、成虫7个阶段，生活史的不同阶段分别以萝卜螺、鱼类、鸥鸟等为寄主。

【流行特点】可危害鲫、鲤、麦穗鱼、草鱼、白鲢等多种鱼类，5~10月都可寄生，秋季为高发期，严重感染时可导致鱼苗、鱼种死亡。

【临床症状和剖检病变】扁弯口吸虫的囊蚴寄生于鱼体的头部、肌肉等处，形成突出于体表的橘黄色或白色包囊（图2-80~图2-82），挑开包囊可见橘黄色似蝇蛆会运动的虫体（图2-83和视频2-12），扁弯口吸虫寄生部位在虫体脱落后出血穿孔（图2-84）。严重感染时每尾鱼体有超过100个虫体寄生。

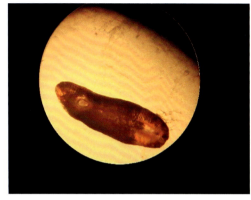

图2-79　扁弯口吸虫囊蚴的显微图

图2-80　虫体在鲫鳃部寄生后形成大量橘黄色包囊

图2-81　扁弯口吸虫在刀鲚颌部形成的包囊

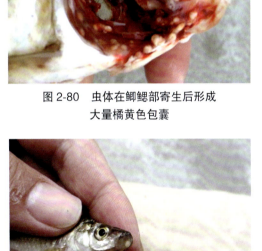

图2-82　扁弯口吸虫在麦穗鱼吻部形成的包囊

图2-83　扁弯口吸虫从包囊逸出后作蛭状运动

【诊断】根据症状在易感部位挑取虫体镜检即可确诊。

临床诊断要点　①鳃盖内侧、浅表肌肉可见突出于体表的橘黄色包囊。②包囊挑破后有蛆样虫体爬出。③寄生扁弯口吸虫的鱼肉味苦、涩，口感极差。

视频 2-12

扁弯口吸虫病：扁弯口吸虫肉眼可见，可像水蛭一样蠕动

图 2-84 扁弯口吸虫脱落后寄生部位出血穿孔

【预防】①发病池塘养殖结束后每亩用 250~300 千克的生石灰带水清塘，以杀灭寄生虫幼虫和中间寄主。②流行季节，在投饵台用渔用敌百虫挂袋，连挂 3 天，对预防扁弯口吸虫病效果较佳。③清除池边杂草，做好池塘防鸟工作，切断传播途径。

【临床用药指南】①晴天上午，使用 90% 晶体敌百虫兑水后全池泼洒，剂量为每升水体 0.7~1 毫克，每天 1 次，连用 2 天，隔天用优质碘制剂泼洒，促进伤口恢复。②晴天上午，使用 4.5% 的氯氰菊酯溶液全池泼洒，每升水体 0.02~0.03 毫升，严重时需用 2 次，隔天用优质碘制剂泼洒，促进伤口恢复。

【注意事项】渔用敌百虫对扁弯口吸虫病的治疗效果确切，但虫体脱落后会在寄生部位留下较深的溃疡，极易继发细菌感染，需及时使用碘制剂消毒，同时投喂优质饲料，促进伤口恢复。

## 十八、湖蛭病

【病原】病原为中华湖蛭（图 2-85）。

【流行特点】可危害鲫、鲤等多种鱼类，夏、秋季感染较多。

【临床症状和剖检病变】中华湖蛭寄生在各种淡水鱼的鳃盖（图 2-86 和图 2-87）、体表、鳍条、口腔等处，被寄生的病鱼烦躁不安，在水面狂游，严重寄生时因失血过多导致生长不良及贫血。

【诊断】根据症状在易感部位发现虫体即可确诊。

图 2-85 中华湖蛭外观形态

【预防】①养殖结束后每亩用 250~300 千克的生石灰或者 40~50 千克的茶籽饼带水清塘，杀灭寄生虫幼虫和中间寄主。②经常使用食盐泼洒池塘，可预防本病的发生。

【临床用药指南】①晴天上午，使用渔用敌百虫全池泼洒，剂量为每升水体 0.7~1 毫克，每天 1 次，连用 2 天。②蛭类对食盐敏感，用 1.0% 的食盐水浸浴病鱼 5~10 分钟，可促使其脱落。

图2-86　中华湖蛭吸附在鲤鳃盖内侧
形成的圆形印迹

图2-87　寄生在鲤鳃盖内侧的中华湖蛭

## 十九、大红鳃病

【病原】 病原尚未明确，可能由气单胞菌属的某些细菌感染引起。按照革兰氏阴性菌引起的疾病处理，可取得较好的效果。

【流行特点】 全年有2次流行高峰，分别为5~6月、9月底~10月中下旬，在水温18~28℃间最易流行。异育银鲫、草鱼、鲤、鳊等多种鱼类的鱼苗及鱼种可发生本病，珠三角地区高发的黄鳍鲷的"腹水症"也有相似症状。本病发病快，病程长，危害大，处理不当尤其外用药物选择不当或在发病时大量换水均可在短时间内引起暴发，甚至有全军覆没的可能。

还有一些情况也可引起鳃丝鲜红的症状，如苯扎溴铵或戊二醛泼洒时不均匀导致局部浓度过高；泼洒某些刺激性大的杀虫剂（主要是治疗锚头蚤的药物）；pH长期严重偏高等，但这些情况的病鱼腹腔没有黄色果冻样腹水，诊断时需要根据情况具体分析。

【临床症状和剖检病变】 濒死鱼体色发黑，大量聚集于进排水口及池塘下风处（濒死鱼数量多，如图2-88所示）。检查濒死鱼可见眼球突出，鳃丝颜色鲜红（图2-89），濒死鱼捞出水面数十秒后鳃丝会由鲜红色变成暗红色或苍白色（图2-90和图2-91），下颌发黄（图2-92），各鳍条末端发白，体表外观正常，全身无充血或出血等现象。解剖可见内脏粘连，肝胰脏严重充血，腹腔有黄色半透明腹水，腹水接触空气后不久凝固为果冻样（图2-93）。

图2-88　发病池塘的进排水口处、下风处有
较多濒死鱼

图2-89　患病鲫鳃丝颜色鲜红

图 2-90　患病鲫捞出水面不久鳃丝颜色变为暗红色

图 2-91　患病黄鳍鲷捞出水面不久鳃丝颜色变浅

图 2-92　患病鲫下颌发黄

图 2-93　患病黄鳍鲷腹腔内的黄色半透明腹水

【诊断】　根据症状及病变，可初步判断；确诊需对水质进行检测，对施药情况进行询问，对鱼体进行现场诊断。

💬 临床诊断要点　①濒死鱼鳃丝鲜红，拿出水面不久（约20秒）变为暗红色或苍白色。②腹腔有黄色半透明腹水，腹水接触空气后不久凝固成果冻状。③濒死鱼下颌发黄。

【预防】　①彻底清塘，充分晒塘，杀灭池塘底部及池梗的病原。②易发病季节在投饵台使用优质碘制剂泼洒或者挂袋，可预防本病的发生。③调节好水质，降低水体中有机质含量。④水温快速回升期，使用 EM 菌、乳酸菌、发酵饲料等，防止池塘 pH 长期偏高。⑤泼洒药物时，应充分稀释后再均匀泼洒，避免局部浓度过高对鱼造成伤害。

【临床用药指南】　若为细菌感染引起的大红鳃病：①外用：第 1 天下午使用有机酸，第 2 天上午使用优质碘制剂全池泼洒，含量为 10% 的聚维酮碘溶液 500 毫升泼洒 1~2 亩，隔天再用 1 次。②内服：恩诺沙星内服，每天 2 次，剂量为每千克鱼体重 20~40 毫克，连喂 5~7 天。

【注意事项】　①正确分析发病原因是精准治疗的前提和基础。②若为细菌感染引起的大红鳃病，在治疗后的第 3~4 天会出现死鱼高峰，数量较大，但是濒死鱼的数量会明显减少，需坚持用药，不久死鱼数量即可下降。③发生细菌感染引起的大红鳃病后，鳃丝功能受损，病鱼对药物及溶解氧都比较敏感，外用消毒剂只能选择碘制剂，若使用苯扎溴铵、二氧化氯等，死亡量会快速上升甚至全军覆没。④发病至治愈后的一个星期内，严禁进排水，严禁使用肥水膏等生物肥。

## 二十、药物泼洒不均匀引起的大红鳃病

【病因】　使用消毒剂如苯扎溴铵或戊二醛泼洒时不均匀导致局部浓度过高；泼洒某些刺激性大的杀虫剂（主要是治疗锚头蚤的药物）后均可引起鳃丝鲜红的症状。

【流行特点】　主要发生在疾病高发的季节。

【临床症状和剖检病变】　药物泼洒后可见部分池鱼狂游、跳跃，呈极度不安状，打捞濒死鱼观察鳃丝呈鲜红色（图2-94和图2-95），腹腔内无黄色半透明腹水（图2-96）。

图 2-94　泼洒高浓度苯扎溴铵溶液后鲫鳃丝鲜红

图 2-95　泼洒锚头蚤专用药后草鱼鳃丝鲜红

图 2-96　药物引起的草鱼大红鳃病的病鱼腹腔无腹水

【诊断】　根据鱼的运动形态、用药细节及鳃丝观察结果可初步诊断。

💬 临床诊断要点　①泼洒药物前池鱼正常，泼药后不久即焦躁不安，狂游，鳃丝呈现鲜红色。②腹腔内无黄色半透明腹水。

【预防】　①科学计算药物剂量，勿随意加量用药。②充分稀释药物。③使用药物时应均匀泼洒，不要对着鱼群用药。④投饵区、池塘下风处适当减少药物的泼洒剂量。

【临床用药指南】　①发现异常后第一时间打开增氧机，稀释表层药物浓度，同时大量换水，换水量不低于池水总量的1/3。②濒死鱼较多的区域使用维生素C。

## 二十一、白鳃病

【病因】　白鳃病尤其是鲫白鳃病是近几年流行的一种以鳃丝发黑、发白为主要症状的疾病，病原尚未明确。感染某些真菌、肝胰脏病变等可能是其发生的原因。

【流行特点】　本病主要流行于18~28℃，此温度区间内温度越高，发病概率越大。主要

危害鲫鱼种及成鱼，草鱼鱼苗、鱼种也有发生，但发病率较鲫低。白鳃病一旦发生，严重影响鱼的生长，若处理不当，死亡率可达 50%。

【临床症状和剖检病变】 疾病初期可见病鱼上半部鳃丝发黑，下半部鳃丝发白，体色变浅（图 2-97 和图 2-98），摄食减少，易浮头。随着病情的发展，病鱼眼球突出，整个鳃丝变成苍白色（图 2-99 和视频 2-13），镜检鳃丝发现有大量黑色素细胞生长（图 2-100），解剖后可见肝胰脏呈黄色、苍白色或绿色（图 2-101）。病鱼整日浮头（图 2-102），几乎不摄食，很快出现死亡（图 2-103）。

图 2-97　病鲫眼球突出，鳃丝发白

图 2-98　病鲫体色变浅

图 2-99　患病草鱼鳃丝苍白

视频 2-13
白鳃病：病鱼眼球突出、体色变浅，鳃丝颜色发白

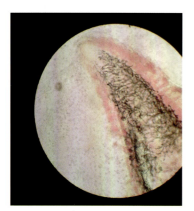

图 2-100　病鲫鳃丝黑色素细胞生长

图 2-101　病鲫肝胰脏萎缩，颜色变浅

图 2-102 病鲫整日浮头

图 2-103 病鲫高温期死亡量较大

【诊断】 根据本病的症状、流行特点即可做出诊断。

💬 临床诊断要点 ①濒死鱼眼球突出。②濒死鱼鳃丝苍白。③濒死鱼肝胰脏发黄或发绿。④病鱼整日浮头，摄食量大幅下降。

【预防】 ①保持优良的水质，保证溶解氧充足。②科学投喂，摄食高峰期使用强肝利胆类药物加量拌料投喂，防止肝胰脏病变。

【临床用药指南】 ①外用：第 1 天上午，使用五倍子末加盐一起泼洒，剂量为五倍子末 150 克 / 亩、食盐 1500 克 / 亩，隔天上午，使用优质碘制剂全池泼洒。②内服：投饵率降低至正常投喂时的 2/3，同时 3 倍剂量添加强肝利胆散、维生素、肝泰乐（葡醛内酯）等药物，连喂 7~10 天。通过以上外用及内服方案的实施，可较好地缓解白鳃病的症状。

## 二十二、肝胆综合征

【病因】 高密度养殖时大量投喂高蛋白质饲料、药物滥用、维生素缺乏或者饲料霉变等引起肝胰脏的病变。本病是一种常见病及多发病，以鱼类肝胰脏、胆囊的病变为主要特征。

【流行特点】 主要发生在大量投喂季节，全国都有流行，成鱼发病率较高，主要危害草鱼、青鱼、团头鲂等食量较大的鱼类，部分肉食性鱼类如斑点叉尾鮰、加州鲈等也有发病。发病后死亡的主要是同塘中规格较大的个体。

【临床症状和剖检病变】 发病鱼体色发黑，鳃丝发白，尾鳍末端发白，离群独游，不摄食，解剖可见胆囊肿大，肝胰脏颜色变浅（图 2-104）。发病严重时肝胰脏明显肿大或萎缩（图 2-105），

图 2-104 患病异育银鲫肝胰脏颜色变浅

图 2-105 患病草鱼肝胰脏萎缩

颜色呈现白色（图2-106）、黄色（图2-107）、绿色（图2-108和图2-109）或者褐色（图2-110），部分鱼肝胰脏呈斑块状黄、白、红相间，形成"花肝"样，纤维化（图2-111）。胆囊也明显肿大，内充满深墨绿色胆汁，严重时胆囊充血发红，胆汁也呈现红色。显微镜下观察可见肝胰脏内有大量的脂肪颗粒。

图2-106　患病草鱼肝胰脏发白

图2-107　患病乌鳢肝胰脏发黄

图2-108　患病黄颡鱼肝胰脏变成绿色

图2-109　患病草鱼肝胰脏变成绿色

图2-110　患病草鱼肝胰脏呈褐色

图2-111　患病草鱼肝胰脏纤维化

【诊断】 死鱼规格偏大；通过解剖可见肝胰脏肿大或者萎缩，质地脆弱（图2-112），有块状出血（图2-113）；胆囊肿大，胆汁颜色变深等结合饲料投喂情况可确诊。

图 2-112 患病草鱼的肝胰脏呈现绿色、易碎

图 2-113 患病乌鳢肝胰脏发黄，伴有块状出血

💬 临床诊断要点 ①死鱼规格在同塘中偏大。②濒死鱼及死鱼外观无明显异常。③发病前后摄食较好。④肝胰脏有明显的病变。⑤饲料存放不当、霉变、暴晒及受潮后更易出现。⑥发病池塘可能存在长期使用抗生素预防鱼病的错误习惯。

【预防】 ①科学投喂，适量投喂，根据水温、天气、鱼体的生长阶段灵活调整投饵率及饲料配方。②构建标准化的鱼体检查流程，定期打样检查，根据检查结果对已经出现的肝胰脏的初期病变进行改善，避免形成大的问题。

【临床用药指南】 ①如果池塘中死鱼的个体偏大且无明显的症状时，应考虑为肝胆综合征引起的死亡，停饲3~7天后死鱼数量可快速下降。②维生素C+维生素E、氯化胆碱、甜菜碱、葡醛内酯、胆汁酸按照每千克饲料4克、7.5克、0.1克、2.5克、1.5克拌料投喂，每天1次，连喂7天。③某些公司生产的以甘草、葛根、马齿苋等中草药为主要成分的产品对肝胰脏病变有确切的效果。④近年来饲料原料价格大幅上涨，导致区域内饲料企业恶性竞争，多品种的饲料出现质量下降的情况，值得大家关注。长期营养摄入不足会影响肝胰脏的健康。

## 二十三、鳜虹彩病毒病

【病原】 病原为虹彩病毒。

【流行特点】 本病对鳜养殖危害较大，尤其在广东、福建、江苏等地的鳜养殖区大量暴发，苗种带毒是养殖的最大障碍。主要危害鱼种及成鱼，发病急，死亡率高甚至可达100%，5~10月为高发期，发病水温为25~34℃，最适发病水温为28~30℃。

【临床症状和剖检病变】 濒死鱼体色变浅，鳃盖张开，鳃丝变白（图2-114和图2-115，视频2-14），呼吸加快，身体失衡，侧卧于池边。大部分发病鱼体表症状不明显，少部分病鱼体色变黑，部分濒死鱼眼球突出，口腔、鳃盖、鳍条基部、尾柄处充血及蛀鳍。解剖可见肝胰脏（图2-116）、脾脏和肾脏肿大，肝胰脏发白并有出血点（图2-117和图2-118，视频2-15），肠壁充血或出血，肠内充满黄色黏稠物。"白鳃白肝"是本病的典型症状。

图 2-114　病鳜体色变浅，鳃丝发白

图 2-115　病鳜鳃丝颜色变浅、发白

图 2-116　病鳜肝胰脏肿大、发白
并有出血点

图 2-117　病鱼的肝胰脏颜色
发白并有出血点

图 2-118　病鳜内脏出血

视频 2-14
鳜虹彩病毒病：病鳜鳃
丝颜色变浅，鳃丝有点
状出血

视频 2-15
鳜虹彩病毒病：病鳜肝
胰脏有点状出血

【诊断】 根据流行特点、症状及病变可做出初步诊断，确诊需用分子生物学手段。

💬 临床诊断要点 ①濒死鱼鳃丝颜色变浅，发白。②解剖濒死鱼可见肝胰脏发白。③肝胰脏点状出血。④混养池塘只死鳜，同塘其他鱼不死。

【预防】 目前鳜仍以摄食饲料鱼为主，难以通过内服药物治疗疾病，发病后治疗困难，主要以预防为主。①发过病的池塘养殖结束后彻底清塘，杀灭池中的病原。②调节好水质，避免低溶解氧胁迫的发生。③发病后停止投喂，保持溶解氧含量充足可以降低死亡量。④对苗种进行检疫，弃养带毒苗种，从源头上控制本病的发生。⑤科研机构已经研制出鳜虹彩病毒病疫苗，接种疫苗可能成为预防本病的重要途径。⑥鳜养殖池塘面积不可太大，以10亩内为宜。

【临床用药指南】 一旦发病，应立即停喂2~3天，同时打开增氧机，保持溶解氧含量充足。然后外用复合碘溶液或者抗病毒的中草药按推荐剂量兑水后全池泼洒，治疗过程中保持溶解氧含量充足，可控制病情的发展，实现带毒养成。

## 二十四、花鲢、白鲢细菌性败血症

【病原】 病原主要是嗜水气单胞菌，另外温和气单胞菌、豚鼠气单胞菌等也可引起本病，均属革兰氏阴性菌。

【流行特点】 花鲢、白鲢细菌性败血症主要发生在7~9月等高温季节，温度越高，发病率越高。其主要发生在：①暴雨后，暴雨导致较强的水体对流，池底的有机质、病原等在短期内释放引起花鲢、白鲢细菌性败血症；②锚头蚤叮咬后（图2-119和图2-120），锚头蚤在花鲢、白鲢体表形成较大的伤口，致病菌从伤口入侵造成继发性的细菌感染，引起细菌性败血症。

图2-119 锚头蚤是花鲢、白鲢细菌性败血症的重要诱因

图2-120 锚头蚤在花鲢体表形成伤口

淤泥较厚，长期不清淤或清塘不彻底的池塘更容易发生，这样的池塘一旦发生本病，往往每年都会发生。

【临床症状和剖检病变】 濒死鱼体表充血、出血严重，病鱼的吻端、下颌、眼球、鳃盖（图2-121）、各鳍条充血、出血，肛门红肿、出血，腹部膨大，有红色带血腹水，肝胰脏、脾脏、肾脏肿大，严重出血，肠道黏膜出血、发红。鳃丝因出血严重而颜色变浅（图2-122）。

图 2-121　患病的花鲢鳃盖、鳍条出血　　图 2-122　患病的花鲢因失血过多鳃丝颜色变浅

【诊断】　根据发病鱼的种类结合体表症状、锚头蚤寄生情况及天气状况基本可以确诊。

【预防】　①定期打样检查鱼体，发现锚头蚤后及时驱杀。②定期检测水质，保持水质优良。③强对流天气前提前改良底质，减少水体对流后有毒有害物质的释放。④构建标准化的巡塘体系，及早发现池塘中已经存在的问题并精准干预。

【临床用药指南】

1）外用：①水质较好的池塘用苯扎溴铵、戊二醛合剂按推荐剂量全池泼洒，连用 2 次，隔天用 1 次；②水质不佳的池塘用优质碘制剂按推荐剂量全池泼洒，连用 2 次，隔天用 1 次。

2）内服：含量为 10% 的恩诺沙星粉溶解于食用油中与麸皮、米糠拌匀后抛撒。若主要是花鲢发病，在池塘四周及投饵区周边多撒；若主要是白鲢发病，在池塘下风 1/3 处多撒，每天 1 次，连喂 3~5 天。

## 二十五、鳃霉病

【病原】　病原为鳃霉（图 2-123），寄生于鳃丝。

【流行特点】　本病在全国各养殖区均有发生，主要流行于 5~10 月，高温时发病更加严重。可危害青鱼、草鱼、白鲢、花鲢等常见淡水鱼及黄颡鱼等特种鱼类，在水质恶化、有机质含量高的池塘更易发生，死亡率较高。

【临床症状和剖检病变】　患病鱼体色发黑或鳍条末端发黑，呼吸困难，食欲减退，游动迟缓，鳃丝黏液增多（图 2-124 和图 2-125），形成花斑鳃（图 2-126）。由于鳃丝受损，病鱼高

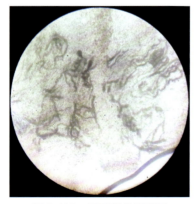 

图 2-123　鳃霉菌丝显微图　　　　图 2-124　患病的草鱼鳃丝黏液增多

度贫血、鳃丝呈现青灰色，严重时病鱼缺氧窒息而死。

【诊断】　镜检鳃丝看到鳃霉菌丝（图 2-126），结合病鱼症状即可确诊。

图 2-125　患病的花鲢鳃丝黏液增多

图 2-126　患病的鲫鳃丝呈"花鳃状"

【防治措施】　同水霉病。

【注意事项】　①本病症状与细菌性烂鳃病的症状相似，易造成误诊。②保持水质优良，尤其是控制水体中有机质含量是预防本病的关键，易发病季节经常使用优质发酵饲料或者 EM 菌、乳酸菌等分解型有益菌，以促使有机质的分解。

## 二十六、氨氮中毒

【病因】　氨氮是指以离子氨（$NH_4^+$）和非离子氨（$NH_3$）的形式存在于水体中的氮，对水生动物毒性更大的是非离子氨（$NH_3$）。

【流行特点】　水体中的氨氮主要来源于未被利用的饲料、水生动物的排泄物、肥料（主要是有机肥）及腐败的动植物尸体等，其中残饵、粪便在缺氧底泥中的沉积、分解是氨氮产生的主要原因。水体过肥或者经常缺氧的池塘都有可能导致氨氮升高，引起鱼虾中毒甚至造成大量死亡。

氨氮的毒性与 pH 的关系：pH 越高，氨氮毒性越大。

氨氮的毒性与水温的关系：水温越高，氨氮毒性越大。

【临床症状和剖检病变】

（1）氨氮慢性中毒　鱼摄食减少，生长缓慢；鳃丝结构不整齐，有大量血窦、棍棒化（图 2-127）；抗应激能力弱，打样可见鱼出水后短期内体色发红，易发病。

（2）氨氮急性中毒　开始时呼吸急促，焦躁不安，在水中狂游、乱窜、鳍条摆幅加快；随着毒性不断增强病鱼呈现明显的缺氧症状，中毒鱼体色变浅、黏液异常增多，大量病鱼侧卧水边，偶尔抽搐或急游，随即沉入水底或悬浮水面，最终死亡。解剖可见病鱼血液不凝固。

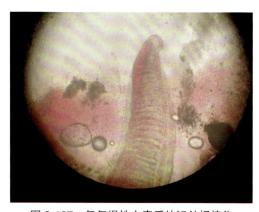
图 2-127　氨氮慢性中毒后的鳃丝棍棒化

（3）氨氮超标的水色　氨氮超标时水体混浊（图 2-128），透明度低（通常低于 30 厘米），池塘下风处漂浮有白色絮状物或白色泡沫，水面似有油膜覆盖，下风处可闻到腥味。

**（4）氨氮超标的其他表现** ①池边有大量螺丝爬出水面。②打开增氧机后鱼不靠拢，被增氧机打起的波浪推动聚集在离增氧机较远处。③在浮起的鱼边泼洒增氧剂或泼水，鱼仍无反应。

【诊断】 根据本病的症状、流行特点，可做出诊断。

【预防】 ①定期开展水质检测，根据检测结果进行水质调控，维持水质优良。②晴天中午打开增氧机，打破水体分层，将水体表层富含的溶解氧带到池塘底部，缓解池底"氧债"。③强化投饲管理，投喂优质饲料，减少残饵、粪便的沉积。④定期对池底进行改良，防止池底恶化。⑤定期在投饵区抛撒颗粒增氧剂，维持池底优良。⑥天气晴好时使用 EM 菌、光和细菌等有益菌改善水质。

图 2-128　氨氮超标的水色

【临床用药指南】 一旦水生动物因氨氮中毒出现异常时，可通过以下方式进行处理：

1）降低水温。主要通过：①加深水位。②促进上下水层对流。主要是晴天中午打开增氧机（涌浪机、水车等）。③保持微流水。条件允许的情况下可持续往池塘中加注新水并保持微流水状态，以保持水质优良及水温相对稳定。

2）大量换水。一旦水生动物发生严重的氨氮中毒时，应立刻排除池塘下风处的底层水，同时加注新水，换水量应达到水体总量的 1/3 以上。

3）泼洒腐殖酸钠、沸石粉等。

4）泼洒增氧剂。池底缺氧是引起氨氮超标的主要因素之一，因此增加水体溶解氧尤其是池底的溶解氧可在一定程度上降低氨氮的含量，从而降低其危害。

5）泼洒有机酸。

## 二十七、三代虫病

【病原】 病原为三代虫，主要寄生在淡水鱼类的鳃丝和体表。虫体无眼点，头部分为 2 叶（图 2-129 和图 2-130），后端有盘状固着器 1 个，固着器有钩，用于固定虫体。其形态、运动方式与指环虫相似，区分要点主要是眼点的有无及头部分叶的数量，属单殖吸虫类寄生虫。

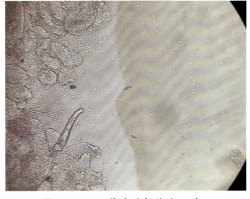

图 2-129　三代虫头部分为 2 叶

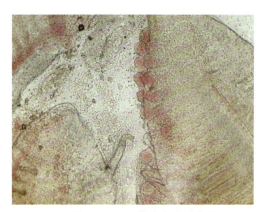

图 2-130　三代虫寄生形态图

【流行特点】 三代虫是各种鱼类的常见寄生虫，鱼苗、鱼种、成鱼阶段均可感染，尤其对鱼苗及鱼种危害较大，在全国各地都有流行。主要流行于春末夏初，适宜寄生的温度为20~25℃。大量寄生时可导致病鱼呼吸不畅甚至继发细菌感染，并引起死亡，危害较大。

【临床症状和剖检病变】 少量感染时鱼无明显症状。大量寄生时，破坏鳃丝完整，引起细菌继发感染（图2-131），导致患病鱼体形消瘦，体色暗淡失去光泽，活力减弱，浮于水面，鳃盖张开，鳃丝肿胀，黏液异常分泌（图2-132），病鱼呼吸困难，严重时可见体表出现一层灰白色黏液层（图2-133）。寄生于体表时，鱼体黏液异常分泌，病灶部位充血。

图 2-131　三代虫大量寄生后鳃丝发炎

图 2-132　三代虫寄生后鳃丝黏液增多

图 2-133　三代虫大量寄生后的鳃丝颜色变浅，表面有一层灰白色黏液层

【诊断】 镜检病鱼体表黏液或者鳃丝看到大量三代虫（视频2-16）即可确诊。

💬 临床诊断要点　①虫体头部分为2叶。②虫体无眼点。③鳃丝黏液增多，鳃部外观发白。④摄食减少。⑤鳃盖因缺氧张开。

【预防】 ①养殖结束后每亩用250~300千克的生石灰带水清塘，以杀灭寄生虫幼虫和中间寄主。②三代虫流行季节，在投饵台用渔用敌百虫挂袋3~5天，对预防三代虫病效果确切。③科学投喂，防止残饵、粪便的大量沉积，调节好池塘底质及水质，可预防三代虫的大量暴发。

【临床用药指南】 ①渔用敌百虫兑水后全池泼洒，剂量为每升水体0.7毫克。②含量为8%的甲苯咪唑溶液全池泼洒，剂量为120~150毫升/亩。③驱虫类植物精油如桉树精油等内服，

🐛 视频 2-16
三代虫病：三代虫头部分2叶，没有眼点，可固着在鳃丝上活泼运动

每天 1 次，连喂 3~5 天，内服后可再用渔用敌百虫外泼。

## 二十八、指环虫病

【病原】病原为指环虫，主要寄生在淡水鱼类的鳃部。虫体有 4 个眼点（图 2-134），头部分为 4 叶（图 2-135），后端有盘状固着器 1 个，固着器有钩，可用于虫体的固定，属单殖吸虫类寄生虫。

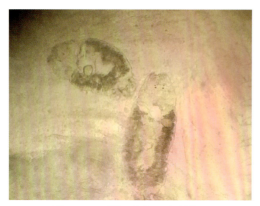

图 2-134 指环虫有 4 个眼点

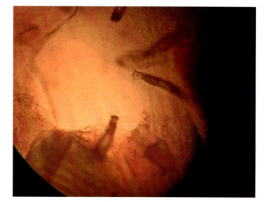

图 2-135 指环虫头部分为 4 叶

【流行特点】指环虫是各种鱼类的常见寄生虫，可感染各种规格的鱼。主要流行于春末夏初，适宜寄生的温度为 20~25℃。少量寄生时危害不大，大量寄生时可导致病鱼呼吸不畅甚至继发细菌感染，引起发病鱼死亡，危害较大。主要通过卵和幼虫传播。

【临床症状和剖检病变】少量感染时无明显症状。大量寄生后病鱼体形消瘦，活力减弱，浮于水面。因其用钩固着在鱼的鳃丝（图 2-136），可导致鳃丝黏液大量分泌，鳃丝肿胀，鳃盖张开，病鱼呼吸困难，严重时可见鳃丝表面有一层灰蓝色的黏液层（图 2-137）。寄生于体表时，鱼体黏液异常分泌，病灶部位充血。

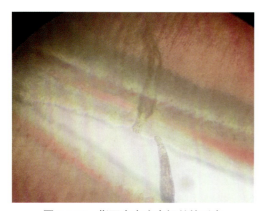

图 2-136 指环虫寄生在鳃丝的形态

图 2-137 指环虫寄生后鲫鳃丝黏液增多，
颜色呈灰蓝色

【诊断】取病鱼鳃丝制作鳃丝水浸片，镜检看到大量指环虫即可确诊。

📴 **临床诊断要点** ①鳃丝黏液增多，鳃部外观有一层灰蓝色黏液层。②虫体头部分为 4 叶。③虫体有 4 个黑色眼点。④摄食减少。

【预防】 ①养殖结束后每亩用 250~300 千克的生石灰带水清塘，以杀灭寄生虫幼虫和中间寄主。②指环虫流行季节，在投饵台用渔用敌百虫挂袋 3~5 天，对预防指环虫病效果确切。③科学投喂，防止残饵、粪便的大量沉积，调节好池塘底质及水质，可预防指环虫的暴发。

【临床用药指南】 ①渔用敌百虫兑水后全池泼洒，剂量为每升水体 0.7 毫克。②含量为 8% 的甲苯咪唑溶液全池泼洒，剂量为 120~150 毫升/亩。③驱虫类植物精油如桉树精油等内服，每天 1 次，连喂 3~5 天，内服后可再用渔用敌百虫外泼。

【注意事项】 ①少量指环虫寄生时，对鱼体危害不大，可不处理。②甲苯咪唑溶液为治疗指环虫病的国标药物，首次使用时效果最好，但是该药易形成耐药性，不推荐作为预防药物。③敌百虫应在晴天上午使用，并在投喂后的半小时再用。使用前需对池水的 pH 进行检测，pH 超过 9.0 的池塘，禁止使用敌百虫。④敌百虫有胃毒的作用，使用以后可能出现鱼类拒食的情况，为正常现象，停药 2~3 天后可自行恢复。⑤甲苯咪唑对无鳞鱼毒性大，无鳞鱼慎用。

## 二十九、斜管虫病

【病原】 病原为斜管虫，虫体近椭圆形（图 2-138），往往大量寄生（图 2-139），属纤毛虫类寄生虫。

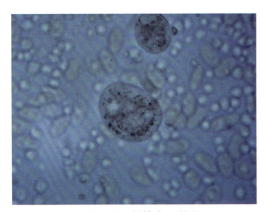

图 2-138 斜管虫显微图

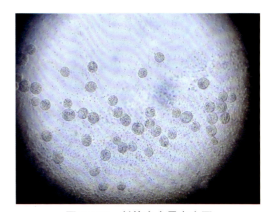

图 2-139 斜管虫大量寄生图

【流行特点】 可感染多种鱼的鱼苗，对鳜危害较大，是鳜养殖中主要寄生虫之一，大量感染后导致鱼苗"扎堆"（图 2-140），可引起寄主大量死亡（图 2-141）。主要发生温度为 12~18℃，3~5 月最为流行，危害较大。感染洪湖碘泡虫的异育银鲫鳃丝、黏液中（图 2-142 和视频 2-17）也可检查到大量的斜管虫。

🎥 视频 2-17

斜管虫病：斜管虫可活泼运动，寄生虫黏液增多

【临床症状和剖检病变】 斜管虫寄生在鱼的体表及鳃丝，刺激鱼体分泌大量黏液，严重时在体表及鳃丝形成厚厚的黏液层（图 2-143），影响鱼的呼吸及运动。被感染的鱼苗体色发黑，食欲消退，体形消瘦，严重时可引起鱼苗大量死亡。

图2-140 斜管虫大量寄生后导致鱼苗体色发黑并"扎堆"

图2-141 斜管虫大量寄生后导致异育银鲫苗暴发性死亡

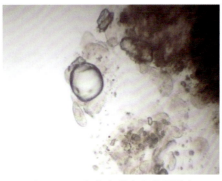

图2-142 寄生在黏液中的斜管虫

图2-143 感染斜管虫的鲫鳃部黏液异常分泌

【诊断】 镜检发病鱼体表黏液或者鳃丝，看到大量斜管虫即可确诊。

【防治措施】 同车轮虫病。

【注意事项】 ①鱼种及成鱼有少量斜管虫寄生危害不大，可不处理；鱼苗对斜管虫较为敏感，少量寄生也可引起大量死亡，需第一时间治疗。②硫酸铜高温季节毒性增加，加量需慎重；乌鳢对硫酸亚铁敏感，乌鳢养殖池塘不可使用。③斜管虫尚无效果确切的治疗药物，以前民间有用代森铵泼洒治疗斜管虫的做法，但是代森铵为农药，已被禁止使用于水产养殖中。未来几年效果确切、合法合规的治疗斜管虫的药物将会成为刚需。

## 三十、杯体虫病

【病原】 病原为杯体虫，寄生于鱼的体表（图2-144）、鳍条（图2-145）及鳃丝（图2-146和图2-147），属纤毛虫类寄生虫。

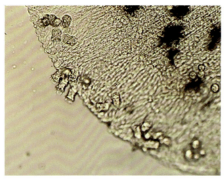

图2-144 寄生在异育银鲫鳞片的杯体虫

图2-145 寄生在泥鳅尾鳍的杯体虫

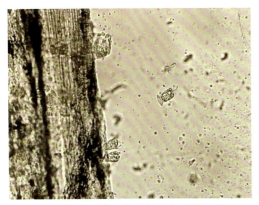

图 2-146　寄生在斑点叉尾鮰鳃丝的杯体虫

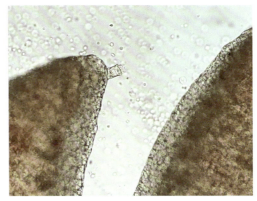

图 2-147　寄生在异育银鲫鳃丝的杯体虫

【流行特点】　一年四季均可发生，主要寄生在鱼类的体表、鳃丝和鳍条，可大量寄生（图 2-148 和视频 2-18）。

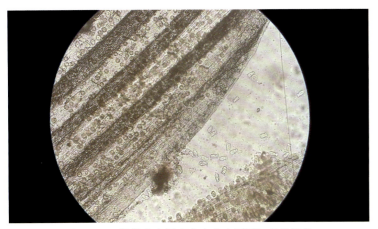

图 2-148　杯体虫大量寄生在斑点叉尾鮰鱼苗鳍条

**视频 2-18**
杯体虫病：寄生在鲫鳃丝的杯体虫，形似杯状，体表有纤毛

【临床症状和剖检病变】　大量寄生的病鱼常常成群在池边缓慢游动，寄生于鳃丝时可导致黏液增多，呼吸困难；寄生于体表时，体表似有一层絮状物，影响鱼体的正常呼吸和生长发育，最后导致病鱼死亡。对鱼苗、鱼种及成鱼危害均较大。

【诊断】　镜检鳃丝及体表看到大量杯体虫即可确诊。

【防治措施】　同车轮虫病。

## 三十一、固着类纤毛虫病

【病原】　病原主要有累枝虫、聚缩虫、单缩虫等，属纤毛虫类寄生虫（图 2-149 和图 2-150）。

【流行特点】　在我国沿海各地的育苗场和虾蟹养殖场经常发生，可以危害淡水鱼、乌龟及克氏原螯虾、中华绒毛蟹等甲壳动物的卵（图 2-151）和幼苗。水质优良，有机质少的池塘危害不大，若池塘有机质含量较高，水体交换不足，可引起暴发性增殖并引起寄主大量死亡。

【临床症状和剖检病变】　大量寄生于鱼体时（图 2-152），引起病鱼焦躁不安，被寄生部位脱黏、出血，甚至继发细菌感染，形成溃疡。

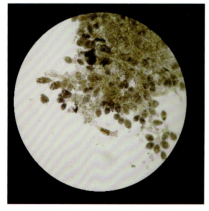

图 2-149　寄生在乌龟甲壳的固着类纤毛虫

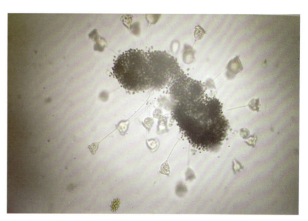

图 2-150　与藻类共生的固着类纤毛虫

图 2-151　寄生于鱼卵的固着类纤毛虫（钟虫）

图 2-152　鱼体表溃疡部位的固着类纤毛虫

　　寄生在虾蟹体表时，附肢、鳃、眼睛上形成肉眼可见的绒毛状物（图 2-153），被寄生动物行动缓慢，上岸，摄食减少，严重时造成甲壳动物脱壳不遂，影响生长。

　　寄生于乌龟等体表时，可在背甲、腹甲等部位形成絮状物（图 2-154）。

图 2-153　寄生固着类纤毛虫的小龙虾
体表可见绒毛状物

图 2-154　固着类纤毛虫寄生在乌龟腹甲
形成的絮状物

【诊断】　刮取鱼体溃疡部位或甲壳动物体表绒毛状物镜检看到大量固着类纤毛虫即可确诊（视频 2-19）。

【预防】　①强化投喂管理，投喂优质饲料，减少残饵、粪便的沉积，减少有机质的产生可减少本病的发生。②定期使用 EM 菌等微生态制剂调节水质，保持水质优良。③定期对底质进行改善，防止底质恶化。④构建标准化的巡塘和鱼体检查规范，及时发现已经存在的虫体并杀灭。⑤发过病的池塘养殖结束后用生石灰带水清塘，用量为250~300 千克 / 亩。

【临床用药指南】　外用：①鱼类发病后可用硫酸铜全池泼洒，剂量为每升水体 0.7 毫克，隔天再用 1 次。②虾蟹养殖池可用硫酸锌溶液全池泼洒，剂量为每升水体 0.5 毫克。③苦参末兑水后全池泼洒，剂量为 300 克 / 亩。

【注意事项】　①少量固着类纤毛虫寄生于甲壳类动物时危害不大，可不处理，虾蟹脱壳时会自行脱去。②硫酸锌有一水硫酸锌和七水硫酸锌之分，购买时需根据具体产品精确计算使用剂量，避免用量不当影响效果。

视频 2-19
固着类纤毛虫病：龙虾体表寄生的固着类纤毛虫，头部有纤毛

## 三十二、台湾棘带吸虫病

【病原】　病原为台湾棘带吸虫的囊尾蚴（图 2-155）。

【流行特点】　4~10 月均可流行，7~8 月流行最盛，可感染多种鱼类，幼鱼感染率显著高于鱼种及成鱼。近几年加州鲈、草鱼养殖中经常可见该虫的寄生。

【临床症状和剖检病变】　主要寄生于鳃丝，大量寄生后破坏鳃丝，引起呼吸机能下降及生长缓慢，影响养殖效益。

【诊断】　镜检鳃丝发现台湾棘带吸虫的囊尾蚴（图 2-156）即可确诊。

图 2-155　台湾棘带吸虫的囊尾蚴显微图

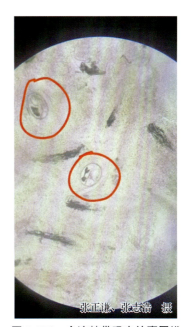

张正谦、张志浩　摄

图 2-156　台湾棘带吸虫的囊尾蚴

【预防】 ①养殖结束后用生石灰带水清塘，用量为 250~300 千克／亩。②进水时设置滤网，防止螺类等中间寄主随水流入。

【临床用药指南】 发病后可用敌百虫溶液全池泼洒，剂量为每升水体 0.7 毫克，隔天再用 1 次。

## 三十三、毛腹虫病

【病原】 病原为毛腹虫（图 2-157），寄生于鱼类的鳃部（图 2-158）、体表等处。

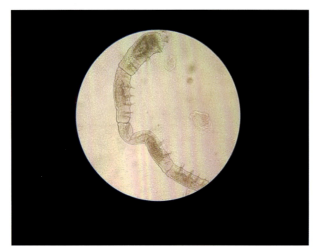
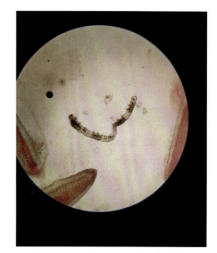

图 2-157　毛腹虫外观　　　　　　　　图 2-158　毛腹虫在鳃丝寄生图

【流行特点】 本病流行于 4~10 月，主要危害鱼苗，大量寄生后可引起鱼苗死亡。加州鲈、黄颡鱼等多种鱼类的鱼苗均可感染。

【临床症状和剖检病变】 虫体通过运动器官不断刺激、破坏鱼的皮肤，被寄生的鱼苗焦躁不安，狂游乱窜，严重时受伤部位继发细菌感染（图 2-159）而引起死亡。

【诊断】 镜检鳃丝看到毛腹虫即可确诊（视频 2-20）。

图 2-159　毛腹虫寄生在花鲢引起鳃丝黏液大量
分泌，烂鳃（细菌感染）

视频 2-20
毛腹虫病：毛腹虫在鳃丝寄生，可活泼运动，体表有刚毛

【预防】 ①养殖结束后用生石灰带水清塘，用量为 250~300 千克／亩。②构建标准化的巡塘及鱼体检查规范，及时发现毛腹虫并驱杀。

【临床用药指南】 发病后可用敌百虫溶液全池泼洒，剂量为每升水体 0.7 毫克，隔天再用 1 次。加州鲈、鳜养殖池塘慎用敌百虫。

## 三十四、鳃隐鞭虫病

【病原】 病原为鳃隐鞭虫（图 2-160 和视频 2-21），属鞭毛虫类寄生虫。

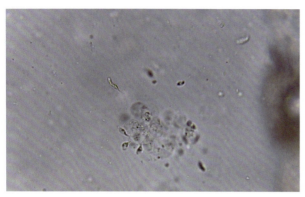

**图 2-160　鳃隐鞭虫寄生图**

**视频 2-21**

鳃隐鞭虫病：鳃隐鞭虫可大量寄生在鳃丝上，原地颤动

【流行特点】 鳃隐鞭虫病在我国主要养殖区均有流行。可寄生于青鱼、草鱼、白鲢、花鲢、鲤、鲫、鳊等多种淡水鱼，主要危害鱼苗和体长 10 厘米以下的鱼种，成鱼也有较高的感染率。发病季节为 7~9 月。

【临床症状和剖检病变】 鳃隐鞭虫主要寄生在鱼的鳃和皮肤。鳃丝大量寄生鳃隐鞭虫的鱼苗活力下降，食欲减退或不摄食，鳃丝黏液增多，呼吸困难直至死亡。

【诊断】 镜检鳃丝看到大量鳃隐鞭虫即可确诊。

【防治措施】 同车轮虫病。

【注意事项】 ①鳃隐鞭虫个体较小，鳃丝镜检时需正确使用显微镜，100 倍以上仔细观察才能发现。②鳃隐鞭虫是常见寄生虫，在草鱼等养殖中感染率较高，因其个体小易被漏诊，应做重点观察。

## 三十五、血居吸虫病

【病原】 病原为血居吸虫的一些种类。

【流行特点】 本病主要发生在夏、秋季，尤其秋季常见。花鲢、白鲢等感染比例较高，其他鱼类如黄颡鱼等也可感染，在全国淡水鱼类主产区均有流行，对鱼苗的危害大于鱼种及成鱼。

【临床症状和剖检病变】 少量寄生时无明显症状，随着感染的不断进行，病鱼摄食减少或不摄食。严重感染的病鱼离群独游，体表瘦弱，外观可见鳃丝苍白或局部充血（图 2-161），镜检可见鳃丝血管破裂甚至坏死，同时可见鳃丝血管中有大量虫卵（图 2-162 和图 2-163）。严重时可导致鱼苗或鱼种大量死亡。

【诊断】 在鳃丝血管发现大量血居吸虫的虫卵即可确诊。

【预防】 ①彻底清塘，杀灭中间寄主。②流行季节在投饵区用敌百虫挂袋，投饵前 10~30 分钟设置好药袋，每天 1 次，连挂 3 天。③定期用微生态制剂调节水质，保持水质优良。

图 2-161　感染血居吸虫的鲫鳃丝苍白

图 2-162　白鲢鳃丝中的血居吸虫卵

图 2-163　鳃丝中的血居吸虫卵

【临床用药指南】 发病后用渔用敌百虫兑水后全池泼洒，剂量为每升水体 0.7 毫克，同时内服敌百虫药饵，每 40 千克饲料用 125 克敌百虫化水滤去残渣后拌料内服，每天 1 次，连喂 5 天。

## 三十六、波豆虫病

【病原】 病原为波豆虫（图 2-164 和图 2-165，视频 2-22）。

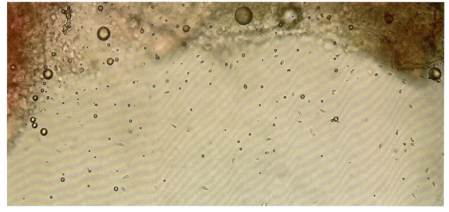

图 2-164　黄颡鱼鳃丝中的波豆虫

视频 2-22

波豆虫病：寄生在黄颡鱼鳃丝的波豆虫，个体小，活泼运动

图 2-165 鳜鳃丝中的波豆虫

【流行特点】 波豆虫主要寄生在鱼的鳃丝和体表，对常见淡水鱼的鱼苗及鱼种危害较大，是鳜养殖中重要的寄生虫，也是导致鳜闭口（不吃食）的主要诱因之一。主要发生在春、秋两个季节。

【临床症状和剖检病变】 少量感染时无明显症状，大量感染后病鱼活力减弱，摄食减少甚至不摄食，鳃丝、体表黏液异常增多，寄生部位因继发细菌感染而轻度充血、发炎甚至糜烂，最终引起病鱼大量死亡。

【诊断】 镜检鳃丝看到大量波豆虫可确诊。

【预防】 ①彻底清塘，杀灭中间寄主。②流行季节在投饵区用硫酸铜、硫酸亚铁合剂挂袋，投饵前 10~30 分钟设置好药袋，每天 1 次，连挂 3 天。

【临床用药指南】 ①发病后用铜铁合剂兑水后全池泼洒，剂量为每升水体 0.7 毫克。②生产中使用甲醛溶液治疗波豆虫效果较好，但是甲醛对环境危害极大，应慎重。

【注意事项】 水质恶化、有机质含量高是波豆虫暴发的重要诱因，调控水质、降低有机质含量和丰度是预防寄生虫的重要工作之一。

## 三十七、切头虫病

【病原】 病原为切头虫（图 2-166 和视频 2-23）。

【流行特点】 主要寄生在红螯螯虾的鳃丝（图 2-167），单只螯虾可寄生几个至几十个不等的切头虫。红螯螯虾的主要生长期均有发现。

视频 2-23

切头虫病：切头虫显微形态

图 2-166 切头虫显微图

【临床症状和剖检病变】 少量感染时红鳌螯虾无明显异常，大量感染后可影响红鳌螯虾的呼吸并影响其摄食，导致生长速度缓慢。大量寄生后还会影响红鳌螯虾的外观，影响销售价格。

【诊断】 镜检鳃丝看到切头虫可确诊。

【预防】 ①养殖结束后彻底清塘，杀灭中间寄主。②调节好水质，保持水质优良可减少发生率。目前尚无明显有效的处理方案，以预防为主。

图 2-167　切头虫在红鳌螯虾鳃丝形成大量的白点

## 三十八、血窦

【病因】 鳃丝因细菌感染、水质不良等原因形成数量不等的红色小点，即血窦（图 2-168）。

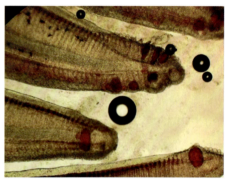

图 2-168　鳃丝上的红色小点即为血窦

【流行特点】 主要发生在水质调控不力，有机质含量高，致病菌丰度高，养殖管理不善的池塘。鱼类快速生长季节更易发生。

【临床症状和剖检病变】 鳃丝出现血窦后影响鳃丝的血液循环，降低鱼的呼吸效率，导致鱼摄食减少，生长变缓。若处理不及时还会在短期内发展成细菌性烂鳃病。

【诊断】 镜检鳃丝看到数个血窦（图 2-169）即可确诊。

【预防】 构建标准化的水质检测流程及调控措施，保持水质优良。

【临床用药指南】 定期检查鱼体，发现数个血窦后即用优质碘制剂泼洒 1~2 次，可促使鳃丝恢复正常。

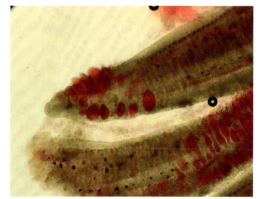

图 2-169　鳃丝上的血窦

## 三十九、鳃丝棍棒化

【病因】 鳃丝感染柱状黄杆菌或者长期处于 pH 异常的水体中而形成。

【流行特点】　可危害所有鱼类，尤其对鱼苗及鱼种危害更大，发病趋势与细菌性烂鳃病高度一致。水质调节不力、pH 长期异常的池塘更易发生。

【临床症状和剖检病变】　发病初期病鱼活力减弱，摄食减少，不加处理即可形成细菌性烂鳃病。镜检鳃丝可见鳃丝末端棍棒化（图 2-170~图 2-172），结构不完整，部分病鱼鳃丝有大量有机质黏附。

【预防】　①彻底清塘，杀灭池塘底部及池梗的病原，可降低本病的发生率。②易发病季节在投饵区周围使用氯制剂或生石灰挂袋，可预防本病的发生。③调节好水质，改良底质，降低水体中有机质含量，可降低本病的发生。④定期检测水质，控制 pH 在合理的范围内。

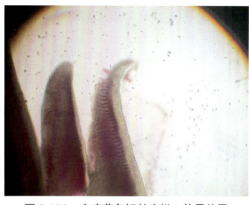

图 2-170　患病草鱼鳃丝腐烂，软骨外露

【临床用药指南】　外用：一旦发生本病，使用优质碘制剂泼洒，含量为 10% 的聚维酮碘500 毫升泼洒 1~2 亩，隔天再用 1 次。

图 2-171　患病花鲢鳃丝腐烂，软骨外露

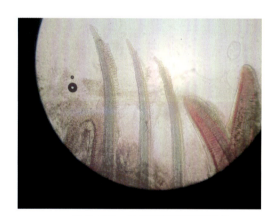

图 2-172　异育银鲫鳃丝棍棒化

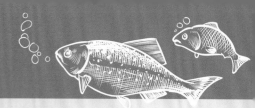

# 第三章 口腔及头部异常对应疾病的鉴别诊断与防治

## 第一节 诊 断 思 路

口腔及头部检查异常情况的诊断思路见表3-1。

表 3-1 口腔及头部检查异常情况的诊断思路

| 检查部位 | 检查的重点内容 | 主要症状 | 初步诊断的结果 |
|---|---|---|---|
| 口腔、吻周边及下颌 | 口腔及吻周边 | 口腔溃疡、寄生虫或口腔内有絮状物 | 锚头蚤病 |
| | | | 口腔溃疡 |
| | | | 口腔水霉病 |
| | | | 鱼怪病 |
| | | | 丑陋圆形碘泡虫病 |
| | | 吻部颜色发白或发红 | 车轮虫病（白头白嘴病，详见第一章） |
| | | | 钩介幼虫病（红头白嘴病，详见第二章） |
| | | | 越冬综合征（详见第五章） |
| | | 颌部形态改变 | 下颌异常增生 |
| | 下颌 | 头骨凹陷 | 鲤疱疹病毒病 |
| | | 头部开裂 | 爱德华氏菌病（详见第一章） |
| | | 点状出血 | 异育银鲫鳃出血病（详见第二章） |
| | | | 斑点叉尾鮰病毒病（详见第一章） |
| | | 发红 | 黄颡鱼杯状病毒病 |
| | | | 细菌性败血症（详见第二章） |

# 第二节　常见疾病的鉴别诊断与防治

## 一、锚头蚤病

【病原】病原为锚头蚤（图 3-1），属于甲壳类寄生虫。

【流行特点】全国均有流行，流行季节为 5~9 月，冬季也有零星感染，可危害草鱼、鲫、白鲢、花鲢等几乎所有淡水鱼，幼鱼及成鱼都可寄生，危害大。

【临床症状和剖检病变】锚头蚤寄生在鱼的体表（图 3-2~图 3-4）、口腔（图 3-5 和图 3-6）、鳍条、眼球等处，寄生后可长出突出于体表的针状虫体，通常寄生部位会形成红色斑点，为细菌继发感染所致。病鱼食欲减退或不摄食，烦躁不

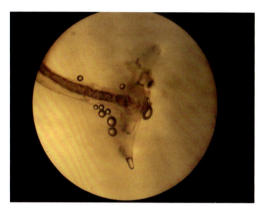

图 3-1　锚头蚤头部显微图

安，在水中狂游。大量寄生时，病鱼浑身布满红色小点，随着时间的进一步推移，红色小点逐步扩大、加深形成深度溃疡灶（图 3-7 和图 3-8）。

图 3-2　锚头蚤寄生在匙吻鲟体表形成的红色斑点

图 3-3　寄生于草鱼腹部的锚头蚤

图 3-4　寄生于鲫体表的锚头蚤

图 3-5　寄生在鲫口腔的锚头蚤

图 3-6　花鲢口腔长满了锚头蚤

图 3-7　锚头蚤可对鱼体造成严重的创伤

高温季节花鲢、白鲢的暴发性出血病大部分由锚头蚤诱发引起。

【诊断】肉眼观察到病鱼体表、口腔、鳍条、眼球等处有针状虫体即可确诊（视频 3-1）。

图 3-8　锚头蚤寄生后继发细菌感染，病灶部位形成溃疡灶

视频 3-1
锚头蚤病：患病草鱼体
表长满针状虫体

【预防】①每亩用 250~300 千克的生石灰带水清塘，以杀灭寄生虫幼虫和中间寄主。②流行季节，在投饵台用渔用敌百虫挂袋，连挂 3~5 天，对预防锚头蚤病效果较佳。

【临床用药指南】①晴天上午用渔用敌百虫兑水后全池泼洒，剂量为每升水体 0.7~1 毫克，每天 1 次，连用 2 天。② 4.5% 的氯氰菊酯溶液全池泼洒，剂量为每升水体 0.02~0.03 毫升，严重时需用 2 次。

【注意事项】①锚头蚤可刺破皮肤，在寄生处形成伤口，为细菌的继发感染留下隐患，因此杀灭锚头蚤后需及时泼洒消毒剂，促进伤口恢复。②敌百虫拌料内服可用于锚头蚤病的治疗，使用剂量为每 40 千克饲料拌敌百虫 125~150 克，每天 1 次，连喂 3 天，选择摄食最好的下午投喂。敌百虫需充分溶解，将残渣过滤后再拌料投喂。③目前养殖区流行着一些治疗锚头蚤病的"特效药"，成分及副作用都不明确，有些药物在使用后的半年甚至一年内都不会再长锚头蚤。流行病学调查发现在频繁使用数年后，耐药性已经产生，效果降低，且部分药物对鱼体毒性较大，可能诱发大红鳃病。

## 二、口腔溃疡

【病原及病因】鱼类口腔表皮因寄生虫叮咬或者饲料适口性差形成了伤口，继发细菌感染形成的溃疡灶（图 3-9）。

【流行特点】主要发生在锚头蚤高发的季节；投喂管理不当，饲料粒径偏大的池塘也易发生。

**图 3-9　海鲈（左）及金鲳（右）口腔中的溃疡灶**

【临床症状和剖检病变】病鱼摄食明显变差甚至不摄食，感染后期可见鱼体口腔内有明显的溃疡灶（图 3-10）。发病初期病鱼焦躁不安，随着感染的进一步加剧，病鱼失去活力，浮于水面，体色变浅，最终因全身性细菌感染而死亡。

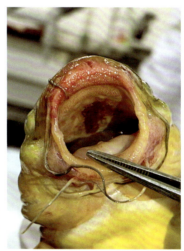

**图 3-10　口腔溃疡的长吻鮠（左）及黄颡鱼（右）**

【诊断】检查鱼体时发现口腔出现溃疡灶可确诊。

【预防】①构建标准化的鱼体检查规范，定期对特定位置打捞的鱼开展标准化的检查，发现小的溃疡及时处理。②锚头蚤病高发季节做好锚头蚤的防控工作。③强化投喂管理，关注饲料适口性，及时调整饲料粒径。

【临床用药指南】一旦发病，使用优质碘制剂全池泼洒，含量为 10% 的聚维酮碘溶液每亩泼洒 500 毫升，隔天再用 1 次；用恩诺沙星（可复配硫酸新霉素）拌料内服，每天 2 次，剂量为每千克鱼体重 20~40 毫克，连喂 5~7 天；或者氟苯尼考拌料内服，剂量为每千克鱼体重 10~20 毫克，每天 1 次，连喂 5~7 天。

## 三、口腔水霉病

【病原】病原为水霉。

【流行特点】水霉病可感染几乎所有鱼类及鱼卵，主要流行于冬、春季。若口腔溃疡处理不及时，溃疡处生长水霉菌后形成口腔水霉病。

【临床症状和剖检病变】 感染后的病鱼静卧池塘下风处，检查口腔可见其内有大量水霉菌丝生长（图 3-11 和图 3-12），被感染的鱼闭口不摄食，很快就会死亡。

图 3-11　患病长吻鮠口腔内的水霉菌丝

图 3-12　患病斑点叉尾鮰口腔长满水霉菌丝

【诊断】 结合流行特点、观察到口腔内的外菌丝等典型症状即可确诊。

【防治措施】 同水霉病。

## 四、鱼怪病

【病原】 病原为鱼怪（图 3-13）。

【流行特点】 鱼怪在全国主要水产养殖集中区均有流行，呈散在性发生，危害不大。主要寄生于鲫、鲤、雅罗鱼等鱼的体腔中。

【临床症状和剖检病变】 成虫成对寄生于胸鳍基部的围心腔中，在病鱼胸鳍基部可见 1~2 个圆形孔洞（图 3-14），鱼怪繁殖后从鱼的口腔爬出。被鱼怪寄生的病鱼性腺发育不良，丧失繁殖能力。鱼怪幼虫主要寄生于幼鱼体表及鳃等部位，可导致病鱼极度不安，黏液大量分泌，皮肤受损而继发细菌感染。

图 3-13　鱼怪外观

图 3-14　鱼怪在胸鳍处的入侵途径（孔洞）

【诊断】 发现池塘中有鱼狂游时，仔细检查鱼体，如发现胸鳍基部的孔洞及围心腔中的鱼怪即可确诊（视频 3-2）。

【预防】 ①养殖结束后每亩用 250~300 千克的生石灰带水清塘，以杀灭寄生虫幼虫和中间寄主。②流行季节，在投饵区域用渔用敌百虫挂袋，连挂 3 天，对预防鱼怪病有一定的效果。③鱼怪幼虫有趋光性，夜间可在池边用灯光引诱，局部杀灭。

【临床用药指南】 同锚头蚤病。

### 五、丑陋圆形碘泡虫病

【病原】 病原为丑陋圆形碘泡虫。

**视频 3-2**

鱼怪病：鱼怪长在鲫腹腔内

【流行特点】 主要危害鲫、鲤，1 龄以上的个体发病较多，发病高峰期为 4~10 月。

【临床症状和剖检病变】 病鱼口腔周边形成肉眼可见的大小不一的白色包囊（图 3-15~图 3-17），部分包囊充血而发红，一般不会引起感染鱼死亡，但因外形丑陋失去商品价值。

图 3-15 丑陋圆形碘泡虫在鲫吻部形成的白色包囊

图 3-16 丑陋圆形碘泡虫在鲫吻部形成的白色包囊正面

【诊断】 根据流行特点、外观症状及镜检结果（图 3-18）可以确诊。

图 3-17 丑陋圆形碘泡虫在鲫吻部形成大量红色包囊

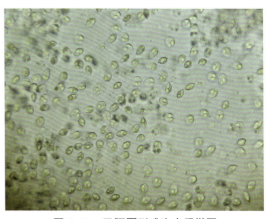

图 3-18 丑陋圆形碘泡虫显微图

【防治措施】 同喉孢子虫病。

## 六、下颌异常增生

【病因】 长期生活在溶解氧含量不足水体中的花鲢、白鲢、草鱼等将吻部伸出水面吞咽空气引起的下颌异常增生（图3-19和图3-20）。

图3-19 下颌异常增生的花鲢的头部

图3-20 下颌异常增生的草鱼

【流行特点】 主要发生在水质调控不力，有机质含量高，粪肥使用多，溶解氧含量不足的池塘。

【临床症状和剖检病变】 患病鱼漫游于水面，活力下降，经常见其将吻部探出水面吞咽空气（图3-21），生长速度缓慢，检查病鱼可见下颌明显长于上颌，严重时下颌组织增生（图3-22和视频3-3），影响卖相，部分病鱼尾鳍腐烂（图3-23）。

图3-21 浮于水面用嘴巴吞咽空气的花鲢

图3-22 下颌异常增生的花鲢

🎥 视频 **3-3**

下颌异常增生：患病草鱼下颌明显长于上颌，且下颌前端增生

图3-23 患病花鲢的尾鳍腐烂

【诊断】根据症状结合 pH 的检测结果可以确诊。

【预防】本病一旦发生，病鱼难以恢复正常，通过调控水质、保持溶解氧含量充足是防控的关键。①控制花鲢、白鲢的投放密度，合理放养花鲢、白鲢。②合理施肥，少量多次施肥，防止大量肥料进入池塘后短期内大量消耗氧气。③易发病季节经常使用发酵饲料或者乳酸菌、EM 菌等调控水质，降解有机质，提高溶解氧含量。④构建标准化的水质检测和调控规范，保持水质优良，溶解氧含量稳定、充足。

## 七、鲤疱疹病毒病

【病原】病原为鲤疱疹病毒Ⅲ型。河南等地的养殖户也将本病称为"鲤鱼急性烂鳃病"。

【流行特点】本病对水温敏感，发病水温为 18~28℃，在 23~28℃发病最为严重，在敏感水温外几乎不发病。可危害锦鲤、建鲤、框鲤、镜鲤等多种鲤，若处理不当，可在短期内暴发，死亡率达 90%~100%。本病对鲤的危害严重，已经导致鲤的养殖量在河南等主产区大幅下降。

【临床症状和剖检病变】发病初期病鱼无明显症状（图 3-24），池鱼摄食有所下降，少量鱼离群独游，随着病情的发展，池边可见大量病鱼漫游（图 3-25），濒死鱼体表无明显创伤。主要症状为眼球凹陷（图 3-26）；头骨凹陷（图 3-27），头部黏液异常分泌；鳃丝腐烂、出血，有大量黏液（图 3-28）；肠道弹性较好，解剖后可见肠壁充血，肠腔内无脓液或食物（图 3-29）。

图 3-24　发病初期病鱼体表无明显症状

图 3-25　池边漫游的濒死鱼

图 3-26　病鱼眼球凹陷，鳃丝溃烂

图 3-27　病鱼头骨凹陷

图 3-28 濒死鱼鳃丝出血, 黏液异常分泌

图 3-29 病鱼肠道弹性较好, 无内容物

【诊断】 根据流行特点、外表症状及病变可初步诊断, 确诊需采用分子生物学、细胞培养技术或者电镜观察。

💬 临床诊断要点 ①发病鱼只有鲤, 同塘其他鱼不发病。②病鱼眼球凹陷。③病鱼头骨凹陷。④病鱼头部黏液异常分泌。⑤病鱼鳃丝溃烂, 外观似细菌性烂鳃病。⑥病鱼肠道结构完整, 弹性较好, 肠道内无内容物。

【预防】 ①调节好水质, 保持水质的稳定及优良, 保证溶解氧含量充足。②正确投喂, 投喂质量可靠、配比科学的饲料, 保证鱼体营养的均衡供给。③水温 16℃时即开始投喂免疫增强剂, 时间为 10~15 天, 提前增强鱼体免疫力, 可降低本病的发生及危害。④发病池塘养殖结束后彻底清塘, 杀灭环境中的病毒。⑤苗种购进时对苗种进行检疫, 选择不携带病毒的苗种。

【临床用药指南】

1) 外用: 第 1 天下午使用有机酸优化水质; 第 2 天上午按推荐剂量全池泼洒优质碘制剂, 隔天再用 1 次。

2) 内服: 先停料 3~7 天, 待死鱼量下降到稳定后从正常投饵量的 1/3 开始投喂, 同时在饲料中添加板蓝根 (金银花)、免疫多糖、维生素、恩诺沙星 (有细菌的并发感染时需添加) 等一起投喂, 每天 2 次, 连续投喂 5~7 天。

【注意事项】 ①本病发生后, 切勿进排水, 否则会引起暴发性的死亡。②病毒灵 (盐酸吗啉胍) 对于本病有较好的治疗效果, 但其属于人用药物, 已被禁用。③正确的诊断是有效治疗疾病的前提, 本病有烂鳃的典型症状, 极易被误诊为细菌性烂鳃病, 疾病治疗前应对临床症状仔细观察, 细致甄别。④一旦确诊, 治疗时切勿泼洒除碘制剂以外的消毒剂, 否则会引起暴发性死亡。⑤本病暴发后摄食变差, 在外用碘制剂后的第 3 天摄食会有明显改善, 整个疾病治疗过程中应坚持按疗程投喂内服药物, 直至控制病情。

## 八、黄颡鱼杯状病毒病

【病原】 病原为黄颡鱼杯状病毒。

【流行特点】 自 2020 年 3 月开始暴发, 发病时间主要是 3~4 月, 发病水温为 20~24℃, 鱼种到成鱼均可发病。一旦发病, 可在短期内迅速蔓延, 区域内发病率达到 40% 以上, 单口池塘死亡率高达 70% 甚至 100%。发病区域包括浙江湖州, 江苏高邮, 湖北枝江、潜江, 四川眉山、乐山，湖南常德，广东等黄颡鱼养殖集中区。

【临床症状和剖检病变】 濒死鱼体表黏液增多，下颌发红、出血（图3-30），鳃丝点状出血（图3-31）。解剖可见肝胰脏点状出血，内脏团出血严重（图3-32），脾脏肿大。

图3-30　患病黄颡鱼下颌基部出血

图3-31　患病黄颡鱼鳃丝点状出血

图3-32　患病黄颡鱼肝胰脏点状出血、
内脏团出血严重

【诊断】 根据流行特点、头部出血及使用抗生素无效等细节可做出初步诊断。

【预防】 同斑点叉尾鮰病毒病。

# 第四章　眼球异常对应疾病的鉴别诊断与防治

## 第一节　诊断思路

眼球检查时异常情况的诊断思路见表4-1。

表4-1　眼球检查时异常情况的诊断思路

| 检查部位 | 检查的重点内容 | 主要症状 | 初步诊断的结果 |
| --- | --- | --- | --- |
| 眼球及眼周 | 眼球形态 | 眼球凹陷 | 鲤疱疹病毒病（详见第三章） |
| | | | 亚硝酸盐中毒 |
| | | | 硫化氢中毒 |
| | | | 阿维菌素使用不当引起的中毒（详见第五章） |
| | | | 二氧化氯使用不当引起的中毒（详见第一章） |
| | | | 大红鳃病（详见第二章） |
| | | 眼球突出 | 竖鳞病 |
| | | | 喉孢子虫病（详见第二章） |
| | | | 链球菌病 |
| | | | 白鳃病（详见第二章） |
| | 眼球颜色 | 眼球寄生虫 | 双穴吸虫病 |
| | | | 嗜子宫线虫病（详见第五章） |
| | | | 锚头蚤病（详见第三章） |
| | | 眼球发白 | 双穴吸虫病 |
| | | | 体质虚弱（抗应激能力差） |
| | | 眼球发红 | 细菌性败血症（详见第二章） |

# 第二节 常见疾病的鉴别诊断与防治

## 一、亚硝酸盐中毒

【病因】 本病是因水体中亚硝酸盐含量超过鱼体能够忍受的限度，导致血液中的血红蛋白转化为高铁血红蛋白，使血液失去携带氧气能力而引起的疾病。

【流行特点】 主要发生在高温季节，大量投喂、有机质含量高、池底恶化的高密度养殖池塘更易发生，一旦发生，可危害所有鱼类，若处理不及时，死亡率可达100%。

【临床症状和剖检病变】 亚硝酸盐慢性中毒时，鱼体外观无明显异常，但摄食减少，生长缓慢，鱼体消瘦；急性中毒时，鱼类遍布于池塘水面，形似缺氧，但打开增氧机后鱼不靠近，濒死鱼眼球凹陷（图4-1），鳃丝变成褐色（图4-2），剪取鳃丝可见血液呈褐色且不凝固（图4-3）。

图4-1 亚硝酸盐中毒的白鲢眼球凹陷、头部发黑

图4-2 亚硝酸盐中毒的白鲢鳃丝呈褐色

图4-3 亚硝酸盐中毒后的白鲢外观

【诊断】 根据本病的症状、流行特点结合水质检测结果可做出诊断。

【防治措施】 ①晴天中午打开增氧机2~3小时，促进上下水层对流，打破池塘溶解氧及温度的分层，提高池底溶解氧含量，加快亚硝酸盐的转化。②养殖中后期经常使用微生态制剂调节水质，交替使用生物类底质改良剂及化学类底质改良剂对池底进行优化，可降低亚硝酸盐的含量。③亚硝酸盐含量高的池塘，可经常排掉下风处的底层水，加注适量新水。

## 二、硫化氢中毒

【病因】 一定浓度的硫化氢进入水生动物体内使血红蛋白中的二价铁离子变成三价铁，

从而使血红蛋白失去携带氧气的能力，造成组织器官缺氧，严重时甚至引起死亡。硫化氢中毒往往毫无征兆，短期内即可引起大量水生动物中毒死亡。

【流行特点】　硫化物和硫化氢均有毒性，但硫化氢的毒性更强。硫化物在酸性条件下大部分以硫化氢的形式存在，当 pH 降低时毒性增强，当水中溶解氧增加时硫化氢可被氧化而消失。硫化氢中毒往往发生在养殖中后期，尤其淤泥厚、水质调控不力、池底缺氧的池塘更易发生。

【临床症状和剖检病变】　晴天时鱼类出现暗浮头，活力减弱，打开增氧机后池鱼不向增氧机聚集反而逃离增氧机（增氧机造成的上下水体的对流将底层的硫化氢交换到了增氧机附近的表层水体，表层水体硫化氢浓度升高，鱼类逃离增氧机附近），池塘下风处可闻到类似臭鸡蛋味的刺鼻气味，情况严重时底层鱼类先出现死亡，之后所有鱼均会死亡，以上症状发生后应判断为硫化氢中毒。

【诊断】　根据本病的症状、流行特点结合硫化氢的检测结果可做出诊断。

💬 临床诊断要点　①池塘下风处有刺鼻的臭鸡蛋味，打开增氧机后臭味更浓，硫化氢含量高的池塘水色呈现雾白色（图 4-4）。②鱼类暗浮头的症状在打开增氧机后没有缓解反而更加严重，鱼类逃离增氧机（增氧机附近没有鱼）。③底层鱼如鲫（图 4-5）、鲤等先浮头、先死亡，中上层鱼如白鲢、花鲢等后浮头、后死亡。④检查濒死鱼可见眼球凹陷，体色尤其头部、鳍条发黑（图 4-6）等是中毒的典型症状。

图 4-4　硫化氢超标的池塘，水色呈现雾白色

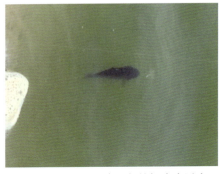

图 4-5　硫化氢中毒引起的鲫失去活力

图 4-6　花鲢体色发黑

【预防】①定期清淤，条件许可时 2~3 年清淤 1 次，控制淤泥厚度，减少有机质的沉积，可降低硫化氢的产生。②合理使用增氧机，晴天的中午打开增氧机 2~3 小时（图 4-7），打破水体的分层，促进表层溶解氧往底层扩散，减轻或消除池底氧债。③淤泥厚的池塘高温季节定期（7~10 天 1 次）在投饵区及淤泥较厚处投放片剂增氧剂或者氧化剂，氧化淤泥，改善池底缺氧状况。④暴雨前、水体对流前 1 天使用片剂增氧剂或者氧化剂处理池底，暴雨后全池泼洒有机酸，降低水体中的有机质含量。⑤根据水温、天气、溶解氧含量等实际情况灵活调整投饵率，避免残饵、粪便的沉积。⑥养殖中后期，高温季节，可定期（7~15 天 1 次）在晴天上午使用具脱硫功能的有益菌或者生物类底质改良剂（如含光和细菌、EM 菌、乳酸菌、丁酸梭菌等的产品）全池施用，以降低硫化氢发生的概率。

图 4-7　晴天中午打开增氧机

【临床用药指南】　一旦诊断为硫化氢超标引起的中毒，切勿打开增氧机，否则会加剧中毒症状，同时采取以下措施处理：①加注溶解氧含量高的优质外源水。通过加注新水可促进底层溶解氧的提升从而快速降低硫化氢的毒性。此时应避免大剂量使用增氧剂，原因是增氧剂溶解后呈酸性，会加剧硫化氢的毒性。②全池泼洒生石灰，每亩用 10~15 千克生石灰兑水溶解后全池泼洒，提高池水 pH 可降低硫化氢的毒性。

## 三、竖鳞病

【病原】　病原为水型点状假单胞菌，为革兰氏阴性菌，是低温期较为流行的养殖鱼类常见的传染性疾病。

【流行特点】　主要流行于冬季和春季，流行水温为 6~22℃，死亡率可高达 50% 以上。主要危害鲤、鲫、草鱼等鱼类，幼鱼及成鱼都可发生，幼鱼发生概率更高。水质恶化、鱼体体弱且受伤时最易暴发。

【临床症状和剖检病变】　病鱼静卧池边或离群独游（图 4-8），体色发黑（图 4-9），眼球突

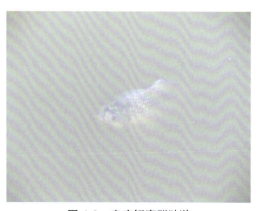

图 4-8　患病鲫离群独游

出，腹部膨大（视频4-1），病灶部位鳞片竖立（严重时全身鳞片竖立）（图4-10~图4-13），鳞囊内充满大量含血的渗出液（图4-14），用手轻压鳞囊，渗出液喷射而出，鳞片随即脱落。解剖病鱼可见腹水，内脏严重出血（图4-15），部分病鱼有尾鳍出血的现象。

图4-9　患病鲫体色发黑

视频4-1
竖鳞病：病鲫体色发黑，眼球突出，腹部膨大

图4-10　患病鲫眼球突出、鳞片竖立

图4-11　患病鲫鳞片竖立，腹部膨大

图4-12　患病乌鳢体色发黑，鳞片竖立，腹部膨大

图4-13　患病泥鳅鳞片竖立

【诊断】　根据症状及病变，可做出初步判断。确诊需对致病菌进行分离、鉴定及回感试验。

图 4-14 患病鲤鳞囊内充满含血的渗出液

图 4-15 患病鲫有腹水，内脏严重出血

💬 **临床诊断要点** ①体色发黑。②眼球突出。③鳞片竖立。④腹部膨大，有腹水。在流行季节以上症状同时出现 3 种或以上时可诊断为竖鳞病。

【预防】 ①做好秋季养殖管理，科学投喂，提升越冬期鱼的体质，改善底质。②入冬前调节好水质，使水体保持一定的肥度及溶解氧。

【临床用药指南】

1）外用：①一旦发生本病，使用优质碘制剂全池泼洒，含量为 10% 的聚维酮碘溶液 500 毫升泼洒 1~2 亩，隔天再用 1 次。②含氯制剂兑水后全池泼洒，剂量为每升水体 1.5~2.0 毫克，隔天再用 1 次。

2）内服：视投饵率灵活调整内服方案。投饵率达到 1% 以上时：①恩诺沙星拌料内服，每天 2 次，剂量为每千克鱼体重 30~50 毫克，连喂 5~7 天；②氟苯尼考拌料内服，剂量为每千克鱼体重 20~40 毫克，每天 1 次，连喂 5~7 天。

【注意事项】 ①本病为条件致病性疾病，鱼体出现伤口后才会发病，因此低温期关注鱼体健康，定期体检很有必要。②发病时水温较低，若投饵率较低或不投饵时，治疗应以外用为主。③发病初期症状不明显，若发现濒死鱼体色发黑、腹部膨大、眼球突出，但鳞片竖立不典型时，也应按本病尽早处理。④越冬期天气晴好时适当投喂，维持体质优良，可降低本病的发生率。

## 四、链球菌病

【病原】 病原为链球菌，为革兰氏阳性菌。

【流行特点】 本病是广东、海南等地罗非鱼、海鲈、鳜等养殖中的常见病，网箱和池塘养殖中均可发生，主要危害亲鱼和 100 克以上的幼鱼和成鱼。在 5~9 月水温 25~37℃时流行，水温 32℃以上高发，发病率达 20% 以上，部分池塘死亡率可达 80% 以上。

【临床症状和剖检病变】 濒死鱼离群独游、体色发黑，部分鱼在池中打转，不久即死。大部分患病鱼眼球突出（图 4-16 和图 4-17，视频 4-2），鳃丝颜色变浅（图 4-18）。解剖可见肝胰脏、脾脏、肾脏充血或出血；肠道局部或全部充血，食物较少（图 4-19），部分鱼有肠道胀气的情况。

🎬 **视频 4-2**

链球菌病：患病加州鲈眼球突出

图 4-16 患病罗非鱼体色发黑、眼球突出

图 4-17 患病鳜眼球突出

图 4-18 患病罗非鱼鳃丝颜色变浅

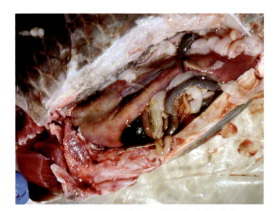

图 4-19 患病罗非鱼肠道尚有少量食物

【诊断】 根据流行特点、典型症状及病变，可初步诊断。

💬 临床诊断要点 ①主要发病水温在 32℃以上（黄颡鱼除外）。②濒死鱼眼球突出或溃烂（图 4-20）。

【预防】 ①优质管理，调节好水质，防止池底恶化。②更换投饵机类型及位置，避免大量鱼挤在岸边抢食，以降低体表受伤的概率（图 4-21）。③天气突变，温度变化较大时适当降低投饵率或不投喂。④发过病的池塘养殖结束后对水源、底泥彻底消毒，清除池中病原。

图 4-20 患病海鲈眼球突出并溃烂

图 4-21 投饵机离岸太近导致鱼抢食时挤压受伤

【临床用药指南】

1）外用：上午使用优质碘制剂全池泼洒，含量为 10% 的聚维酮碘溶液 500 毫升泼洒 1~2 亩，隔天再用 1 次。

2）内服：磺胺二甲嘧啶拌料投喂，每天 2 次，剂量为每天每千克鱼体重 100~200 毫克，连喂 5~7 天，首次使用时剂量加倍。

【注意事项】①由于缺淡水，海南等地淡水养殖池塘清塘工作几乎缺失，会导致致病菌的耐药性持续加强，链球菌病的防控难度进一步加大，需引起重视。②消化道创伤是链球菌入侵的重要途径，饲料中定期添加发酵饲料或者乳酸菌（丁酸梭菌）等可促进消化道创伤的恢复，降低细菌入侵的概率。

## 五、双穴吸虫病

【病原】病原为倪氏双穴吸虫。本病是由倪氏双穴吸虫的尾蚴及囊蚴（图 4-22 和图 4-23）寄生引起的一种危害较大的疾病。虫体扁平、呈卵圆形，似草鞋（视频 4-3），属于复殖吸虫病，鸥鸟及椎实螺是中间寄主。

🎥 视频 4-3

双穴吸虫病：双穴吸虫显微形态，可活泼运动

图 4-22　斑点叉尾鮰水晶体中双穴吸虫囊蚴的显微图

图 4-23　寄生于白鲢眼球中的双穴吸虫囊蚴的显微图

【流行特点】本病是一种广泛流行的寄生性疾病，尤其在鸥鸟及椎实螺较多的地方发病更甚。可危害如白鲢、花鲢、团头鲂、草鱼、鳜、斑点叉尾鮰等多种鱼类，尤其以鱼苗、鱼种感染较为严重，死亡率高。

【临床症状和剖检病变】分急性感染和慢性感染。急性感染病程急，病鱼在水面狂游或挣扎，鱼体颤抖，头部、眼眶充血或出血（图 4-24），短期内可引起大量死亡。慢性感染时，肉眼可见病鱼眼球内有数个白点（图 4-25~图 4-27），白点即为虫体，随着病情的发展，水晶体脱落（图 4-28 和图 4-29），病鱼失明。

【诊断】根据鱼眼发白、水晶体脱落等症状可做初步诊断，确诊需对鱼的水晶体镜检。

图 4-24　双穴吸虫急性感染的草鱼苗头部充血

图 4-25　感染双穴吸虫的团头鲂眼球基部出血，眼球内有白点

图 4-26　感染双穴吸虫的草鱼眼球内可见明显白点

图 4-27　感染双穴吸虫的斑点叉尾鮰眼球内可见明显白点

图 4-28　感染双穴吸虫的鳜水晶体脱落

📺 **临床诊断要点**　①鱼摄食变差或不摄食。②濒死鱼失明或眼球白浊，眼球内可见数个白点（图 4-30），注意不是眼球全部发白。

图 4-29　双穴吸虫导致草鱼苗水晶体脱落

图 4-30　双穴吸虫寄生的水晶体，强光下的白点即为虫体

【预防】①养殖结束后每亩用 250~300 千克的生石灰带水清塘，以杀灭寄生虫幼虫和中间寄主。②双穴吸虫流行季节，使用敌百虫在投饵台挂袋，连挂 3 天，对预防各种寄生虫有一定的效果。③清除池边杂草，套养青鱼控制螺类丰度，做好防鸟等工作，可切断传播途径，降低发生率。

【临床用药指南】

1）外用：晴天上午，90% 晶体敌百虫兑水后全池泼洒，剂量为每升水体 0.7~1.2 毫克，每天 1 次，连用 2 天。②晴天上午，硫酸铜与硫酸亚铁合剂全池泼洒，比例为 5∶2，剂量为每升水体 0.7~1 毫克，严重时隔天再用 1 次。

2）内服：吡喹酮拌料内服，剂量为每千克鱼体重 50 毫克，每天 1 次，连喂 5~7 天。

【注意事项】双穴吸虫是草鱼、团头鲂、鲫等养殖过程中的常见寄生虫，近几年双穴吸虫的感染比例极高，由于其寄生部位特殊，鱼体检查时易被忽略，需建立标准化的鱼体检查流程，方能提高寄生虫的发现概率，实现精准防控。

## 六、体质虚弱

【病因】因长期投喂营养不均衡或者维生素缺乏的饲料、长期投喂抗生素而导致的体弱症。

【流行特点】主要发生在饲料原料价格高及长期使用劣质饲料或长期投喂量过大时，其发生跟饲料原料价格高涨及鱼价低迷有较大的关系。热水鱼的池塘发生率较高。

【临床症状和剖检病变】发病池塘无明显异常，鱼摄食正常。但在拉网、捕捞、运输过程中，鱼眼球发白（图 4-31 和图 4-32），轻微突出，鳃盖（图 4-33）或体表出血，脱黏（图 4-34），在水车上即有部分死亡，进入市场或放入养成池塘后死亡率极高。

图 4-31　患病加州鲈眼球发白

图 4-32　患病鲻鱼眼球发白

图 4-33　患病白鲢眼球白浊、鳃盖出血

图 4-34　患病异育银鲫眼球白浊、鳍条出血，体表黏液缺失

【诊断】 根据投喂的饲料档次及典型症状可做出诊断。

【防治措施】 ①强化饲养管理，投喂优质饲料。②捕捞前 15 天按说明书 2~3 倍剂量添加优质复合维生素。③尽量避免极端高温天气捕捞、运输鱼类。④打样过程中发现此情况，应更换优质饲料，同时在新饲料中拌服优质复合维生素，可逐步恢复正常。⑤不要使用抗生素预防鱼病。

# 第五章　体表异常对应疾病的鉴别诊断与防治

## 第一节　诊断思路

体表检查时异常情况的诊断思路见表 5-1。

表 5-1　体表检查时异常情况的诊断思路

| 检查的重点内容 | 主要症状 | 初步诊断的结果 |
|---|---|---|
| 体表外观 | 鳞片竖立 | 竖鳞病（详见第四章） |
| | | 嗜子宫线虫病 |
| | | 拟态弧菌病 |
| | | 打印病 |
| | | 赤皮病 |
| | 体表溃疡（红点或红斑） | 加州鲈虹彩病毒病 |
| | | 锚头蚤病（详见第三章） |
| | | 诺卡氏菌病 |
| | | 加州鲈弹状病毒病 |
| | | 越冬综合征 |
| | | 白皮病 |
| | | 黄颡鱼腹水病 |
| | | 竖鳞病（详见第四章） |
| | | 大红鳃病（详见第二章） |
| | | 黄金鲫鳔积水症 |
| | 腹部膨大 | 斑点叉尾鮰病毒病（详见第一章） |
| | | 舌型绦虫病（详见第八章） |
| | | 九江头槽绦虫病（详见第八章） |
| | | 细菌性肠炎病（详见第八章） |
| | | 吴李碘泡虫病（详见第七章） |
| | | 吉陶单极虫病 |

| 检查的重点内容 | 主要症状 | 初步诊断的结果 |
|---|---|---|
| 体表外观 | 体表其他寄生虫（藻） | 锚头蚤病（详见第三章） |
| | | 武汉单极虫病 |
| | | 嗜子宫线虫病（详见第五章） |
| | | 白点病［小瓜虫病（详见第二章）、钩介幼虫病（详见第二章）、嗜酸性卵甲藻病（详见第二章）、淀粉卵甲藻病（详见第二章）、武汉单极虫病（详见第五章）］ |
| | 白色蜡样斑块 | 鱼蛭病 |
| | | 痘疮病 |
| | | 淋巴囊肿病 |
| | | 晶状缝碘泡虫病 |
| | 体表瘤状物 | 吉陶单极虫病 |
| | | 疖疮病 |
| | | 武汉单极虫病 |
| | 体表出血 | 细菌性败血症（详见第二章） |
| | | 体表广泛出血：饲料问题引起的体表出血 |
| | 体表红色斑块 | 梅花斑病 |
| | | 喉孢子虫病（洪湖碘泡虫病，详见第二章） |
| | 体色发黑 | 竖鳞病（详见第四章） |
| | | 阿维菌素使用不当引起的中毒 |
| | | 细菌性烂鳃病（详见第二章） |
| | | 缺氧 |
| | | 水霉病 |
| | 体色发白 | 白皮病 |
| | | 体表纤毛虫病 |
| | | 营养不均衡导致体色变浅 |
| | | 鲢疯狂病（详见第一章） |
| | 畸形 | 弯体病（重金属、电击、营养不良） |
| | | 萎瘪病 |
| | 体表黏液异常增多 | 寄生虫引起的体表黏液增多 |
| | | pH 过高引起的黏液异常分泌 |

# 第二节 常见疾病的鉴别诊断与防治

## 一、嗜子宫线虫病

【病原】 病原为鲫嗜子宫线虫、鲤嗜子宫线虫等。虫体呈粗线状，两端色泽鲜红，稍细，中间较粗，总体呈浅红色或灰黑色（图 5-1 和图 5-2）。常寄生于鲫、金鱼等的尾鳍内（图 5-3~图 5-5，视频 5-1），也可寄生于黄颡鱼、乌鳢的眼窝中，还可寄生于鲫、乌鳢等的鳞片下（图 5-6）。

视频 5-1

嗜子宫线虫病：寄生在金鱼尾鳍内的嗜子宫线虫

图 5-1 嗜子宫线虫两端尖细，中间稍粗

图 5-2 嗜子宫线虫呈浅红色

图 5-3 嗜子宫线虫寄生于鲫的尾鳍内

图 5-4 嗜子宫线虫寄生于金鱼的尾鳍内

【流行特点】 嗜子宫线虫病呈散在性发生，全国水产养殖区均有发病，主要危害 2 龄以上的鲤、鲫、乌鳢、黄颡鱼等，大量寄生后影响亲鱼的繁殖力，严重时可致死。6 月以后，成虫繁殖后死亡，鱼体内不再有虫体寄生。

【临床症状和剖检病变】 寄生于鳍条时，可见金鱼尾鳍内有红色虫体，虫体与鳍条平行，鳍条有充血、发炎、蛀鳍等情况发生；寄生于鳞片下时，可见鳞片突起、充血，形似"竖鳞"状，与细菌感染引起的竖鳞病症状相似；寄生于眼球时，可见眼窝中有红色虫体，眼球红肿，严重时眼球脱落，眼眶严重出血。

图 5-5　嗜子宫线虫寄生于锦鲤的尾鳍内　　　　图 5-6　嗜子宫线虫寄生于鲫的鳞片下

【诊断】　在金鱼尾鳍或鲫的鳞片下或黄颡鱼眼窝中发现红色线状虫体即可确诊。

【预防】　同双穴吸虫病。

【临床用药指南】

1）外用：晴天上午，渔用敌百虫兑水后全池泼洒，剂量为每升水体 0.7~1 毫克，每天 1 次，连用 2 天。

2）内服：吡喹酮内服，剂量为每千克鱼体重 50 毫克，每天 1 次，连喂 5~7 天。

## 二、拟态弧菌病

【病原】　本病为近几年的新发病，病原为拟态弧菌、维氏弧菌及嗜水气单胞菌等，均属革兰氏阴性菌。

【流行特点】　本病是近年来对大口鲶、黄颡鱼、斑点叉尾鮰等无鳞鱼危害严重的一种传染性疾病，在大口鲶、黄颡鱼、斑点叉尾鮰等养殖区流行，尤其高密度养殖池塘更易发病，同池其他鱼几乎不发病。可感染各个养殖阶段的鱼，尤其以鱼种、成鱼发病严重。发病水温为 18~30℃，在 20~28℃暴发严重，发病率可达 50%，发病后死亡率可达 100%（图 5-7）。

图 5-7　本病可引起无鳞鱼大规模死亡

【临床症状和剖检病变】濒死鱼在池中打转、狂游，继而沉入水中死亡。发病初期可见病灶部位色素消退，颜色变浅（图5-8），后病灶部位逐渐溃烂，形成规则的方形溃疡灶（图5-9和图5-10），病灶四周出血，形成清晰的分界线。随着时间的推移，病灶进一步溃烂（图5-11和图5-12，视频5-2），甚至烂及内脏，病鱼死亡。发病过程中，常伴随有套肠病的发生（图5-13）。

▶ 视频 5-2

拟态弧菌病：患病黄颡鱼体表出现规则的方形溃疡灶

图 5-8　拟态弧菌感染初期的斑点叉尾鮰病灶部位色素消退，颜色变浅

图 5-9　拟态弧菌引起的大口鲶体表的方形溃疡灶

图 5-10　拟态弧菌引起的黄颡鱼体表的方形溃疡灶

图 5-11　拟态弧菌引起黄颡鱼体表深度溃烂

图 5-12　感染中后期溃烂加深

图 5-13　伴随套肠病的发生

【诊断】 根据流行特点、体表的方形溃疡灶等典型症状及病变，可初步诊断。

💬 临床诊断要点　①发病鱼种为无鳞鱼。②体表出现规则的方形溃疡灶。③同塘其他鱼不发病。④发病后摄食量有所下降甚至不摄食。

【预防】 同爱德华氏菌病。

【临床用药指南】

1）外用：一旦发生本病，第 1 天可用片剂过硫酸氢钾复合盐加增氧片全池遍洒，第 2 天上午使用优质碘制剂全池泼洒，含量为 10% 的聚维酮碘溶液 500 毫升泼洒 1~2 亩，隔天再用 1 次。

2）内服：氟苯尼考加强力霉素一起拌料内服，每天 1 次，剂量为每千克鱼体重使用氟苯尼考 10~20 毫克、强力霉素 30~50 毫克，连喂 5~7 天。

【注意事项】 ①底质恶化是本病重要的诱发因素，也是造成复发的重要原因，养殖季节应定期使用化学类底质改良剂、生物类底质改良剂交替对池塘底部进行优化。②发病后维持或恢复摄食是治疗的关键。切勿使用对水质影响大的消毒剂，以免造成池鱼闭口，延误治疗。

## 三、打印病

【病原】 病原为点状产气单胞杆菌点状亚种，属革兰氏阴性菌。

【流行特点】 一年四季都可发病，以夏、秋季最为常见，全国均可发生。主要危害白鲢、花鲢、加州鲈等鱼类，幼鱼至成鱼均可发病，严重时死亡率高达 80%，危害较大。

【临床症状和剖检病变】 病鱼静卧池边或离群独游，外观可见病鱼腹部（图 5-14）、肛门上方或尾柄处（图 5-15 和图 5-16）出现圆形或椭圆形的红色溃疡灶，溃疡部位鳞片脱落，周边充血发红，肌肉腐烂，严重时病灶逐渐扩大、加深（图 5-17）甚至深及内脏，病鱼很快死亡。溃疡外观似红色印章，故称"打印病"。

图 5-14　患病白鲢腹部的红色溃疡灶

图 5-15　患病白鲢尾柄处的红色溃疡灶

图 5-16　患病加州鲈尾柄处近圆形病灶

图 5-17　患病的花鲢病灶持续扩大后的外观

【诊断】 根据流行特点、红色印章样病灶等症状及病变，可初步诊断。

【预防】 同细菌性败血症。

【临床用药指南】

1）外用：①一旦发生本病，使用优质碘制剂全池泼洒，含量为 10% 的聚维酮碘溶液 500 毫升泼洒 1~2 亩，隔天再用 1 次。②含氯制剂兑水后全池泼洒，剂量为每升水体 1.5~2.0 毫克，隔天再用 1 次。

2）内服：花鲢、白鲢发病后，使用麸皮、食用油及以下药物之一拌匀后投喂，①恩诺沙星，每天 2 次，剂量为每千克鱼体重 30~50 毫克，连喂 3~5 天；②氟苯尼考，剂量为每千克鱼体重 20~40 毫克，每天 1 次，连喂 3~5 天。

投喂时需根据死鱼种类灵活调整投喂地点及方式。

【注意事项】 ①本病为条件致病性疾病，鱼体出现伤口后才会发生，防止鱼体受伤是预防本病的关键。②细菌性疾病治疗期间切勿肥水（尤其不要使用肥水膏等生物肥），否则极易复发。

## 四、赤皮病

【病原】 病原为荧光假单胞菌，是革兰氏阴性菌。本病是一种常见的体外传染性疾病，属于常见病、多发病。

【流行特点】 主要流行于水温较高的养殖季节，对青鱼、草鱼、鲫等多种淡水鱼都有危害，从鱼种到成鱼都可发生，危害较大。常与细菌性烂鳃病、细菌性肠炎病并发。

【临床症状和剖检病变】 病鱼离群独游，发病初期病灶部位色素消退、发白（图 5-18），随着感染进一步加深，病灶部位充血发红（图 5-19）。严重时病鱼体表出血（图 5-20）、发炎、鳞片松动、脱落（图 5-21~图 5-23），甚至继发真菌感染形成水霉病（图 5-24），有些鱼鳍条末端部分或全部腐烂（图 5-25），呈柱鳍症状。赤皮病通常发生在鱼体受伤且没有及时消毒处理时，为条件致病性疾病。

图 5-18 患病草鱼病灶部位发白

图 5-19 患病海鲈腹部充血发红

【诊断】 根据症状及病变可初步诊断，确诊需进行细菌分离、培养、鉴定及回感试验。

【预防】 ①彻底清塘，定期清淤，杀灭池塘底部及池梗的病原。②发病季节在投饵区域用氯制剂（生石灰）等泼洒或挂袋，可预防本病的发生。③调节好水质，降低水体中有机质含量，可降低本病的发生。④在捕捞、运输、产卵后等关键节点及时对鱼体消毒，促进伤口恢复，阻断病原菌的侵袭。

图 5-20　患病团头鲂病灶部位出血

图 5-21　患病草鱼病灶部位鳞片脱落，溃烂

图 5-22　患病异育银鲫病灶部位鳞片脱落，出血

图 5-23　患病草鱼鳞片脱落，体表溃烂

图 5-24　患病鳑鲏病灶部位出血，继发水霉病

图 5-25　患病初期草鱼尾鳍末端腐烂

【临床用药指南】

1）外用：一旦发生本病，使用优质碘制剂或含氯消毒剂全池泼洒，①含量为 10% 的聚维酮碘溶液 500 毫升泼洒 1~2 亩，隔天再用 1 次；②含量为 8% 的二氧化氯兑水后全池泼洒，每亩水体使用 100 克，病情严重时连续使用 2~3 次，每天 1 次。

2）内服：恩诺沙星拌料内服，每天 2 次，剂量为每千克鱼体重 20~40 毫克，连喂 5~7 天；或者氟苯尼考拌料内服，剂量为每千克鱼体重 10~20 毫克，每天 1 次，连喂 5~7 天。

【注意事项】　本病为条件致病性疾病，鱼体受伤是发病的必要条件。因此在可能导致鱼体受伤的操作后应及时消毒，防止病原菌的继发感染。外用消毒剂的剂量跟水体的有机质含量、藻类丰度等相关，在有机质丰富、水质较肥的水体施药时应适当增加剂量。

## 五、加州鲈虹彩病毒病

【病原】　病原为蛙虹彩病毒（目前主要的病原）及细胞肿大虹彩病毒（传染性脾肾坏死，检出率较低）。

【流行特点】　发病水温为25~32℃，30℃为加州鲈虹彩病毒病的最适发病水温。各种规格的鱼均可发病，成鱼体表溃烂等症状明显。本病主要通过苗种、鱼体接触及摄食带毒鱼饵进行传播，两栖动物及水鸟可以成为带毒寄主。

【临床症状和剖检病变】

1）蛙虹彩病毒病：鱼苗到成鱼均可发病，急性感染体表无明显症状，病鱼腹部、腹鳍、臀鳍等充血发红；慢性感染时病鱼在水面漫游，鳃丝出血或发白（图5-26），体表出现表面灰白圆形的溃疡灶（图5-27和图5-28，注意与诺卡氏菌病的区分），病鱼颊部溃烂（图5-29，视频5-3）；少数病鱼肝胰脏点状出血（图5-30），肾脏肿大，偶见肠壁点状出血（图5-31）。

视频 5-3
加州鲈虹彩病毒病：患病
加州鲈颊部溃疡

2）细胞肿大虹彩病毒病：体表无明显病灶，下颌至腹部充血发红，各鳍条基部充血发红；鳃丝发白，有出血点，围心腔有充血或者血块；肝胰脏肿大，脾脏发黑，肾脏出血、肿大。

图 5-26　病鱼鳃丝发白

图 5-27　病鱼体表出现深度溃疡灶

图 5-28　病鱼体表深度溃疡

图 5-29　病鱼颊部溃烂

图 5-30 病鱼肝胰脏点状出血

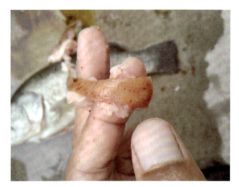
图 5-31 病鱼肠壁点状出血

【诊断】 根据流行特点、外表症状及病变可做出初步诊断，确诊需采用分子生物学方法。

💬 临床诊断要点 ①病鱼体表的溃疡灶面积较大，表面灰白。②鳃丝、肌肉、内脏无白色结节。③肝胰脏点状出血。④肠壁点状出血。⑤同塘只有加州鲈出现死亡。

【预防】 ①严格执行苗种检疫，弃养带毒苗种。②强化投喂管理，严格把控饲料的适口性及质量，人工配合饲料配合优质乳酸菌（丁酸梭菌）或者发酵饲料一起投喂。③敏感温度到来前 10~15 天，加量投喂免疫增强剂或者抗病毒中草药。④加强对鱼体的检查，发现问题，及时处理。

【临床用药指南】 同草鱼出血病。

## 六、诺卡氏菌病

【病原】 病原为诺卡氏菌，为革兰氏阳性菌。

【流行特点】 流行时间长，4~11 月均有发生，在水温 25~28℃间发病最为严重。主要危害加州鲈、海鲈、乌鳢等名特养殖鱼类，成鱼发病率高于鱼种，发病有逐年上升的趋势。

【临床症状和剖检病变】 病鱼反应迟钝，食欲下降，漫游于水面，外观可见眼球突出（图 5-32）、鳍条充血、颜色变白（图 5-33），腹部膨大，体表溃烂（多见于背鳍基部后侧，图 5-34 和视频 5-4），部分鱼肛门红肿；解剖可见肝胰脏、脾脏、肾脏等处有白色或浅黄色结节（图 5-35~ 图 5-37），腹腔内有少量透明或浅黄色腹水。

🎥 视频 5-4

诺卡氏菌病：患病乌鳢体色发黑，体表有小的溃疡灶

图 5-32 患病海鲈眼球红肿外突

图 5-33 患病海鲈尾鳍末梢颜色变白

图 5-34　患病海鲈体表出现溃疡灶

图 5-35　患病海鲈肝胰脏、脾脏出现结节 1

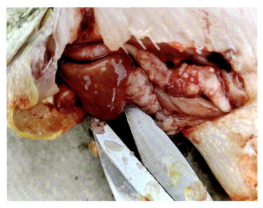

图 5-36　患病海鲈肝胰脏、脾脏出现结节 2

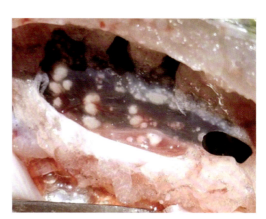

图 5-37　患病加州鲈肾脏结节

诺卡氏菌病有鳃结节型、躯干结节型和内脏结节型等表现型。①鳃结节型：在鳃丝基部形成乳白色的大型结节（图 5-38），鳃明显褪色。②躯干结节型：在躯干部的皮下脂肪组织和肌肉发生溃疡，浅表肌肉中有大小不一、形状不规则的结节（图 5-39）。③内脏结节型：肝胰脏、脾脏、肾脏等出现大量白色或浅黄色结节。

图 5-38　患病加州鲈鳃丝结节

图 5-39　患病加州鲈肌肉中的结节

【诊断】根据流行特点、内脏结节等典型症状及病变，可初步诊断。

💬 **临床诊断要点** ①体表的溃疡灶较小，深度较浅，表面颜色较浅。需要注意与锚头蚤叮咬引起的溃疡做区分，锚头蚤叮咬后继发细菌感染形成的溃疡呈鲜红色。②肝胰脏等处的白色结节大小不一，突出于脏器表面。需要注意与舒伯特气单胞菌感染后形成的结节做区分。

【**预防**】①优质管理，调节好水质，杜绝冰鲜鱼的投喂，可降低本病的发生。②重点关注体表、消化道伤口，及时促进伤口恢复。③天气突变、温度变化较大时适当降低投饵量或不投喂。④发过病的池塘养殖结束后彻底清塘，充分晒塘，杀灭池塘中的病原菌。

【**临床用药指南**】

1）外用：一旦发生本病，晴天上午使用优质碘制剂全池泼洒，含量2%的复合碘溶液500毫升泼洒2~3亩，隔天再用1次。

2）内服：氟苯尼考加强力霉素一起拌料内服，每天1次，剂量为每千克鱼体重使用氟苯尼考10~20毫克、强力霉素30~50毫克，连喂7~10天。

【**注意事项**】①彻底清塘，杀灭池塘中的病原对本病的预防意义重大。②消化道创伤是诱发本病的重要原因，应予以关注。③本病治疗难度大，内服药物需要持续投喂7天以上方能取得理想的效果。

## 七、越冬综合征

【**病因**】本病于2022年3月由袁圣命名，发生的主要原因是越冬前期及越冬期管理不当，投喂饲料质量差、数量少甚至长期不投喂导致体质弱，免疫力低下，在越冬后多病原感染引起综合征。

【**流行特点**】2020年3月开始流行，自广东到东北的大宗淡水鱼养殖集中区都有发生，危害草鱼、鲫、黄金鲫、花鲢、白鲢、斑点叉尾鮰等几乎所有淡水鱼类，发病面广、危害大，发病高峰从2月持续到4月中下旬，处理不当可引起暴发性死亡（视频5-5）。

🎬 视频5-5
越冬综合征：患病草鱼大量聚集在池边

【**临床症状和剖检病变**】感染初期部分濒死鱼眼球突出、充血、吻部发红（养殖户称之为红嘴病），头部、眼球溃烂（图5-40~图5-43）；体表病灶部位鳞片脱落、赤皮及溃烂，偶见伴随竖鳞的情况；鳍条基部充血或出血，部分鱼鳍条腐蚀；随着病程的发展，体表溃烂加深，形成深浅不一的溃疡灶（图5-44），严重时深及肌肉甚至露出骨骼（图5-45）。

图5-40 患病草鱼头部溃烂

图5-41 患病鲫头部溃烂，发红，尤其吻部为甚

图 5-42 患病黄金鲫吻部、眼球溃烂、发红

图 5-43 患病草鱼吻部、眼球溃烂、发红

图 5-44 患病草鱼腹部的深度溃疡灶

图 5-45 患病鲫背部的深度溃疡灶

【诊断】 根据症状、发病季节及饲养管理情况基本可以确诊。

【预防】 ①做好越冬期的鱼体检查，通过定期的检查提前发现存在的小问题并及时处理，避免形成大问题。②强化饲料投喂。秋季根据水温的变化及时调整投饵率，在降低投饵率的同时适当提高饲料档次，为越冬期积累足够的营养。③提前加深水位，培肥水质，提高水体稳定性。④越冬期间根据水温及天气情况坚持 3~5 天（有胃鱼与无胃鱼有差异）投喂 1 次，每次投饵率不超过 0.3%。⑤开春后及时投喂，并在饲料中添加丁酸梭菌等，促进营养吸收，快速恢复体质，提高抵抗力。

【临床用药指南】

1）有水霉病继发感染时，第 1 天用五倍子末＋盐兑水后全池泼洒，剂量为每亩用五倍子末 150~200 克、盐 1.5~2.5 千克，兑水后全池泼洒，隔 1 天用优质碘制剂兑水后全池泼洒，含量为 2% 的复合碘溶液 500 毫升泼洒 3 亩，隔天再用 1 次；没有水霉病继发感染时，直接用优质碘制剂泼洒 3~4 次，每次间隔 1 天。

2）内服药物的选择主要根据投饵率来定：投饵率低于 0.5% 时，以促进消化、免疫增强为目的，主要通过发酵饲料或者丁酸梭菌及维生素拌饵投喂，每天 1 次，连喂 10~15 天；投饵率超过 0.8% 时可用敏感抗生素拌饵投喂，治愈后继续添加促进消化、免疫增强类投入品，以防止复发。

【注意事项】 ①因伤口较大，消毒剂需连续使用 2 次甚至 3~4 次，方能达到较好效果。②投饵率较低时，投喂抗生素作用不大，内服方案从提升鱼体的体质及抵抗力入手更为合适。③关注药品质量，购买及使用假劣药物是很多鱼病治而不愈的重要原因。④疾病治愈后尽快调节体质，预防即将暴发的其他疾病。⑤疾病治愈最少1个星期后才可以施肥、进排水、捕捞。⑥有养殖户使用硫醚沙星治疗越冬综合征，部分池塘泼洒后死亡量快速增加，这些池塘大多是越冬期没有投喂的池塘，长期没有投喂的池塘慎用硫醚沙星。另外硫醚沙星不属于白名单内的药物，不建议使用。⑦按标准方案治疗本病的有效率约为40%，治疗效果与越冬期是否投喂高度相关。

## 八、黄颡鱼腹水病

【病原】 病原主要为维氏气单胞菌，另外爱德华氏菌、嗜水气单胞菌也可引起相似的症状。

【流行特点】 本病是近年来对黄颡鱼危害严重的一种传染性疾病，在黄颡鱼养殖区广泛流行，高密度养殖池塘更易发病。主要感染鱼种及成鱼，高温季节易暴发，尤其是暴雨等强对流天气后发生率更高，发病率可达50%，发病后死亡率可达100%。

【临床症状和剖检病变】 发病后黄颡鱼摄食减少或不摄食，濒死鱼游动失去平衡（图5-46），腹部膨大（图5-47和图5-48），体色变浅，肛门红肿外突；解剖可见腹腔内充满浅黄色腹水（图5-49），肝胰脏肿大、发白，脾脏肿大，肠道内无食物，充满透明样液体。

图5-46 患病黄颡鱼游动失去平衡

图5-47 患病黄颡鱼腹部膨大，体色变浅

图5-48 黄颡鱼腹部膨大，肛门红肿外突

图5-49 病鱼解剖后腹腔内有大量浅黄色腹水

【诊断】 根据流行特点、腹部膨大及腹腔内充满腹水等特征可初步诊断。

【预防】 同爱德华氏菌病。

【临床用药指南】

1）外用：一旦发生本病，第1天可用片剂过硫酸氢钾复合盐（兽药）配合增氧片全池遍洒，第2天上午使用优质碘制剂全池泼洒，含量为10%的聚维酮碘溶液500毫升泼洒1~2亩，隔天再用1次。

2）内服：氟苯尼考加强力霉素一起拌料内服，每天1次，剂量为每千克鱼体重使用氟苯尼考10~20毫克、强力霉素30~50毫克，连喂5~7天。

【注意事项】①底质恶化是本病暴发重要的诱发因素，也是造成复发的重要原因，养殖季节定期使用化学类底质改良剂、生物类底质改良剂交替对池塘底部进行优化。②发病后维持或恢复摄食是治疗的关键。切勿使用对水质影响大的消毒剂，以免造成池鱼闭口。

## 九、黄金鲫鳔积水症

【病原或病因】 黄金鲫是国家级天津焕新水产良种场培育的一种生长速度快、抗病力强的鲫新品种，养殖初期鲜有疾病发生，但是近年流行的一种鳔内积水症引起了不小的损失，病因尚不明确，可能为病毒感染、种质不纯或者某种营养元素缺乏引起。

【流行特点】 主要危害黄金鲫的鱼种及成鱼。本病无明显的流行季节，一年四季都可发生，高温季节发病相对较多，部分地区发病率达到60%，死亡率达到30%。流行病学调查发现，产于天津焕新水产良种场的鱼苗发病率最低，购买苗种时可做参考。

【临床症状及剖检病变】 濒死鱼游动缓慢，腹部膨大（图5-50~图5-52），嘴巴张开，严重时呈球状。解剖腹腔可见鱼鳔膨大（图5-53），内脏萎缩，挑破鱼鳔内有无色透明样液体。体表无其他明显症状，发病初期仍可摄食。

图 5-50 因鳔积水症死亡的黄金鲫

图 5-51 患病黄金鲫腹部膨大

图 5-52 患病黄金鲫腹部膨大，嘴巴张开

图 5-53 患病黄金鲫鱼鳔膨大，内有无色透明样液体

【诊断】根据本病的症状、流行特点及病变，可做出诊断。

【预防】生态养殖，从苗种、水质、饲料等细节入手，综合提高养殖水平。

【临床用药指南】使用白花蛇舌草、白术、黄芪及盐酸左旋咪唑一起拌料投喂，对本病的防控有一定的效果。

## 十、武汉单极虫病

【病原】病原为武汉单极虫（图5-54）。

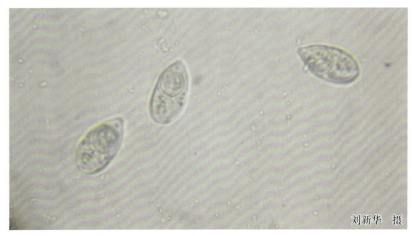

刘新华　摄

图5-54　武汉单极虫显微图

【流行特点】鲤、鲫、鲮是易感品种，水花至苗种阶段最易感染，短期内可大量寄生并引起发病。主要流行于长江中下游养殖区，全国均有发生。

【临床症状和剖检病变】武汉单极虫主要寄生在鱼的体表，严重感染时可见病鱼鳞片突起，内有白色包囊（图5-55~图5-58），挤压包囊有白色脓状液体流出。被感染病鱼游动缓慢、摄食不佳，生长发育不良，同一批鱼苗规格大小不一（图5-59）。包囊在用药治疗后一段时间会萎缩成黑色斑块并逐渐脱落（图5-60）。

图5-55　武汉单极虫在白鲢头部形成的白色包囊

图5-56　武汉单极虫在鲫体表形成的白色包囊

图5-57　感染武汉单极虫的鲫鳞片突起1

图 5-58 感染武汉单极虫的鲫鳞片突起 2

图 5-59 感染武汉单极虫的鲫生长缓慢，大小不一

【诊断】 镜检病鱼体表包囊即可确诊。

💬 临床诊断要点 ①发病鱼规格主要在 25 克以下。②将鱼样头部朝左，尾巴朝右，背部朝上，从背部观察体表发现数个鳞片颜色发白（图 5-61）或发亮时将该鳞片取下镜检。

【防治措施】 同喉孢子虫病。

图 5-60 药物处理后，包囊萎缩形成黑色斑块

图 5-61 感染武汉单极虫后体表发现数个鳞片颜色发白

【注意事项】 ①武汉单极虫病的治疗相对于喉孢子虫病更容易，通常情况下通过外泼杀虫剂即可治愈。②武汉单极虫一般不会导致病鱼死亡，但会影响摄食，造成生长不均，个体差异大，卖相不好，影响销售。③武汉单极虫感染初期，包囊尚不突出，此时可将鱼背部朝上，从背部往腹部观察，发现鳞片上有白色的亮点时，取亮点部位的鳞片进行镜检。

## 十一、鱼蛭病

【病原】 病原为中华颈蛭（图 5-62）、尺蠖鱼蛭等。

【流行特点】 可危害黄鳝（图 5-63）、鲫、鲤等多种鱼类，夏、秋季感染较多。

【临床症状和剖检病变】 鱼蛭寄生在各种淡水鱼的体表（图 5-63）、鳃腔（图 5-64 和视频 5-6）、鳍条、口腔等处，被寄生的病鱼烦躁不安，在水面狂游，严重寄生时因失血过多导致生长不良及贫血。

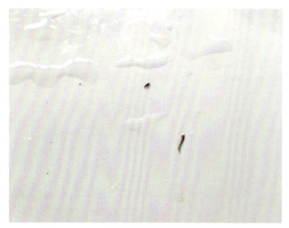

图 5-62　从黄鳝体表取出的中华颈蛭

图 5-63　黄鳝体表的鱼蛭

图 5-64　寄生于花鲢的鳃腔中的鱼蛭

**视频 5-6**

鱼蛭病：患病花鲢鳃腔内出现大量鱼蛭

【诊断】　根据症状在易感部位发现鱼蛭即可确诊（图 5-65~ 图 5-68）。

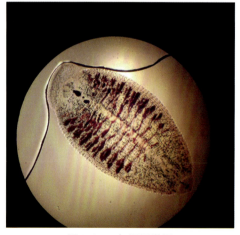

图 5-65　鱼蛭显微图

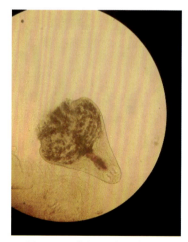

图 5-66　鱼蛭运动时的形态

【预防】　①每亩用 250~300 千克的生石灰或者 40~50 千克的茶籽饼带水清塘，杀灭寄生虫幼虫和中间寄主。②经常使用食盐泼撒，可预防本病的发生。

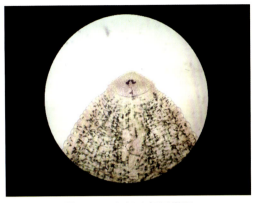

图 5-67 鱼蛭头部显微图

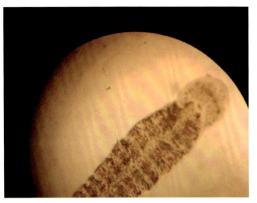

图 5-68 鱼蛭吸盘显微图

【临床用药指南】①晴天上午使用渔用敌百虫全池泼洒，剂量为每升水体 0.7~1 毫克，每天 1 次，连用 2 天。②蛭类对食盐敏感，用 1.0% 的食盐水浸浴病鱼 5~10 分钟，可促使其脱落。

## 十二、痘疮病

【病原】病原为鲤疱疹病毒。

【流行特点】流行于秋末至春初温度较低的高密度养殖池塘，病毒最适传播温度为 10~15℃，当水温升高到 15℃ 以上并持续一段时间，病鱼可自愈，本病一般不会引起大批死亡。主要危害鲤、鲫幼鱼及成鱼，通过鱼体接触的方式进行传播。

【临床症状和剖检病变】疾病早期病鱼体表出现乳白色斑点，后变厚、增大，逐渐在鱼体形成一层白色黏液层（图 5-69）。随着病情发展，黏液逐渐加厚为石蜡样（图 5-70 和图 5-71），长到一定程度后可自行脱落（图 5-72），但又会重新长出。石蜡样物质在鱼体持续蔓延后连片，会严重影响鱼的生长，使鱼体消瘦，并可影响亲鱼的性腺发育，也影响商品鱼的卖相。发病鱼内脏出血（图 5-73），腹腔有大量带血腹水（图 5-74）。

图 5-69 痘疮病发病初期体表形成一层白色黏液层

图 5-70 病鲤尾鳍上的石蜡样增生物

【诊断】根据流行特点、外表症状及病变可初步诊断，确诊需采用分子生物学、细胞培养技术或者电镜观察。

图 5-71 病鲫体表的石蜡样增生物

图 5-72 病鲫放入清水后体表的黏液可脱落

图 5-73 患病黄金鲫的内脏严重出血

图 5-74 病鲤腹腔有带血腹水

**临床诊断要点** ①发病季节为冬季或春季。②发病鱼种为鲤或鲫，同塘其他鱼不发病。③发病后鱼体形成白色蜡样增生。

【预防】 ①做好秋季池塘底质管理可降低本病的发生率。②加强秋季投喂管理，秋季适当提高饲料档次，增强鱼体体质可降低本病的发生率及死亡率。

【临床用药指南】 本病发生时水温较低，鱼类摄食较少或不摄食，尚无有效的治疗方法。发病后泼洒优质碘制剂，对疾病有一定的控制作用。在秋季投喂管理中可适当提高饲料档次，足量添加免疫增强剂或者维生素，提高鱼体体质，可降低本病的发生率。

## 十三、淋巴囊肿病

【病原】 病原为淋巴囊肿病毒，本病为慢性皮肤瘤传染病。

【流行特点】 本病为广泛流行的鱼病，水温 10~25℃是主要流行温度。可危害多种海、淡水鱼类，鲤、牙鲆及石斑鱼等都可感染，主要危害当年鱼种，一般不会致死，被感染的鱼失去商品价值。主要通过接触的方式传染，在我国感染强度不大，呈偶发性出现。

【临床症状和剖检病变】 病情较轻时，发病鱼无明显症状。病情严重时食欲减退甚至不摄食，病鱼的皮肤、鳍条及体表形成大小不一的囊肿物，颜色有白色、粉红色或黑色，较大的囊肿物上有肉眼可见的红色小血管，成熟的囊肿部位可轻微出血，甚至形成溃疡（图5-75和图5-76）。

图5-75 患病框鲤体表出现菜花状囊肿物

图5-76 患病框鲤的腹面

【诊断】 根据流行特点、外表症状及病变可做出初步诊断，确诊需采用分子生物学方法。

【预防】 同草鱼出血病。

【临床用药指南】 ①发病后适当降低投喂量或停料数天，以减缓病毒的传播。恢复投料时加量添加抗病毒的药物（如板蓝根等）及免疫增强剂（如黄芪多糖）等可以控制病情发展。②本病创伤较大，细菌继发感染的概率高，治疗时可在饲料中添加抗生素。③发病池塘的尾水经消毒处理后再排放，对发病池底彻底清塘，杀灭池中病原。

## 十四、晶状缝碘泡虫病

【病原】 病原是晶状缝碘泡虫（图5-77）。

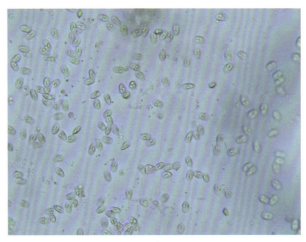

图5-77 晶状缝碘泡虫显微图

【流行特点】 主要感染鲫，寄生于鲫肌肉内，呈散在性发生，危害不大，流行季节主要在夏末秋初。

【临床症状和剖检病变】 感染初期鱼体无明显症状，感染后期鱼体发黑（图5-78），在病鱼背鳍前部形成疖疮样隆起（图5-79～图5-81），病灶部位鳞片脱落。轻触创面有白色脓样液体流出，创面常会继发细菌感染，导致病鱼死亡。

图 5-78　感染晶状缝碘泡虫的鲫体色发黑

图 5-79　感染晶状缝碘泡虫的
鲫的侧面形态

图 5-80　感染晶状缝碘泡虫的
鲫的正面形态

图 5-81　感染晶状缝碘泡虫的鲫的背部隆起

【诊断】　根据流行特点、症状可进行初步诊断；镜检病灶部位，发现晶状缝碘泡虫虫体即可确诊。

【防治措施】　同喉孢子虫病。

【注意事项】　治疗方法与其他孢子虫相似，但杀虫后还需注意创面的杀菌处理，防止细菌继发感染。

## 十五、吉陶单极虫病

【病原】　病原为吉陶单极虫（图 5-82）。

【流行特点】　主要感染鲤、青鱼等鱼的苗种及成鱼，短期内可大量寄生。全国鲤、青鱼主产区均有流行。

图 5-82　吉陶单极虫显微图

【临床症状和剖检病变】吉陶单极虫寄生在鱼的体表（主要在鳞片下面，图 5-83～图 5-85，视频 5-7）和肠道（图 5-86～图 5-88），感染初期在鳞片后端形成白色小包囊，严重感染时鳞片突起，后增厚呈增生状，挤压增生部位有白色脓状液体流出。被感染鱼游动缓慢、生长发育不良，严重时继发细菌感染，病鱼死亡。

寄生于肠道时，病鱼腹部稍膨大，打开腹腔可见肠道形态不规则，有多个圆球状包囊，剪开肠道，内有白色或红色液体流出。

🎥 视频 5-7

吉陶单极虫病：病鲤体表出现大量巨大包囊

图 5-83　感染吉陶单极虫建鲤体表的巨型包囊

图 5-84　感染吉陶单极虫框鲤体表的包囊

图 5-85　虫体感染初期在鱼体形成的白点

图 5-86　吉陶单极虫感染初期肠道形成的包囊

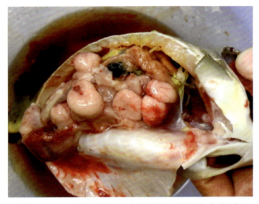

图 5-87　吉陶单极虫在肠道形成的白色包囊

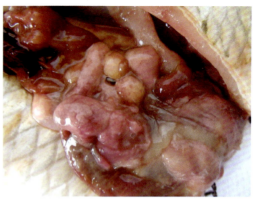

图 5-88　吉陶单极虫在肠道形成的包囊

【诊断】镜检包囊可确诊。

【防治措施】同喉孢子虫病。

## 十六、疖疮病

【病原】病原为疖疮型点状产气单胞菌，属于革兰氏阴性菌，是一种常见的散在发生的疾病。

【流行特点】主要危害团头鲂、青鱼、鲫等的鱼种及成鱼，幼鱼患病概率较低。本病无明显流行季节，一年四季都可发生，呈散在性出现，少有大规模暴发的案例，危害不大。

图 5-89　患病黄颡鱼皮肤颜色变浅

【临床症状和剖检病变】病鱼静卧池边或离群独游，体表有明显的感染病灶，病灶一般位于背鳍基部两侧，随着病情的发展，病灶处皮肤及肌肉颜色变浅（图 5-89 和图 5-90），患部软化，向外隆起形成脓疮（图 5-91～图 5-94），脓疮内充满脓汁、血液和细菌。切开患处，可见肌肉溶解，呈灰白色凝乳状（图 5-95）。

图 5-90　患病草鱼皮肤颜色变浅，表皮溃烂

图 5-91　病鲫背部肌肉隆起

【诊断】根据本病的症状、流行特点及病变，可做出初步诊断，确诊需对病灶部位进行细菌分离、鉴定及回感试验。

图 5-92　患病锦鲫病灶部位隆起

图 5-93　患病团头鲂背鳍基部隆起

图 5-94　患病白鲢尾柄处的巨大隆起

图 5-95　病鲫病灶部位切开后肌肉溶解，
呈灰白色凝乳状

【防治措施】同细菌性烂鳃病。

## 十七、饲料问题引起的体表出血

【病因】由于摄食了油脂氧化、霉变（图 5-96 和图 5-97）的饲料等原因导致鱼体体表异常出血（图 5-98 和图 5-99）。

图 5-96　霉变的膨化饲料

图 5-97　霉变的颗粒饲料

【流行特点】主要发生在阴雨潮湿的高温季节或者饲料存放不当（置于阳光下暴晒、上午就把下午的饲料放到投料机中）（图 5-100 和图 5-101）、老鼠较多（图 5-102）的养殖池塘。长期投喂劣质饲料的池塘也可出现。

图 5-98　投喂劣质饲料的异育银鲫体表出血

图 5-99　投喂霉变饲料的异育银鲫体表出血

图 5-100　饲料置于阳光下暴晒

图 5-101　上午就把下午的饲料放到投料机中

【临床症状和剖检病变】　长期摄食原料变质或者配方不科学饲料的鱼，高温期或拉网时体表出血、鳞片下出血；拉网及暂养过程中死亡率较高，作为鱼种在养成过程中成活率很低。

【诊断】　结合流行特点、症状，对饲料原料进行检验后可确诊。

【预防】　①严守饲料原料质量，不使用变质原料。选择正规企业生产的配方科学、质量可靠的配合饲料。②根据投喂情况适量储存饲料，所购饲料在 1 个月内使用完毕。③修缮饲料仓库，地面铺设防潮膜，科学堆放饲料，防止饲料

图 5-102　饲料包装袋被老鼠咬坏

受潮。④做好灭鼠工作，避免老鼠咬坏饲料包装袋，引起饲料受潮后发霉。⑤不投喂发霉变质的饲料。

【临床用药指南】　一旦发病以后，更换优质饲料，同时拌服大剂量的维生素，可逐步缓解。

【注意事项】　饲料企业的竞争已经进入白热化阶段，饲料原料价格上涨与鱼价不稳之间的矛盾激化，不排除某些饲料企业以牺牲饲料质量博取利润的可能，若养殖户购买饲料时一味追求低价，可能造成疾病频发，养殖难度加大，应引起重视。

## 十八、梅花斑病

【病原】　病原为疖疮型点状产气单胞菌。

【流行特点】　主要感染黄鳝，主要发生在气温较高的夏季，5~9月是最适流行时间。苗种及成鱼均可发生，一般不会引起急性死亡，但是会影响黄鳝的生长及卖相。

【临床症状和剖检病变】　发病初期病鳝体表出现大小不等的近圆形红色斑块，即溃疡灶（图5-103和图5-104），随着病情的发展，斑块溃烂逐渐加深。

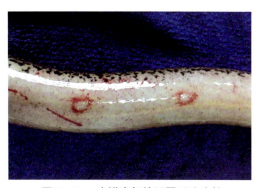

图5-103　病鳝腹部的近圆形溃疡灶

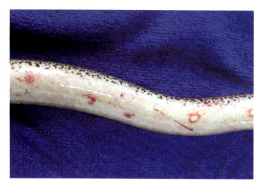

图5-104　病鳝病灶的外观

【诊断】　结合流行特点、典型症状可确诊。

【防治措施】　①鳝苗入池前用食盐水浸泡消毒。②加强饲养管理，科学投喂，保持养殖环境水质优良。③在饲养池内放养3~5只蟾蜍。

## 十九、阿维菌素使用不当引起的中毒

【病因】　由于杀虫剂或者消毒剂使用不当引起的水生动物的中毒症。如阿维菌素等乳油剂型的杀虫剂泼洒后的一段时间会漂浮在水体表层，引起水体表层药液浓度过高，另外使用前未将药品充分稀释或在鱼饥饿时泼洒，都可能导致鱼类将药物摄入而引起中毒。

【流行特点】　常发生在寄生虫病高发季节。投饵前泼洒及秋末温度突然下降期使用阿维菌素都极易出现中毒的情况。

【临床症状和剖检病变】　阿维菌素中毒后视中毒的轻重程度可能会出现病鱼狂游或静卧池边（图5-105）的情况，中毒的鱼体色发黑（图5-106和图5-107），各鳍条末端发黑（图5-108），眼球凹陷，抢救不及时可引起大批死亡。

图5-105　阿维菌素中毒的鱼静卧池边，全身发黑

图5-106　阿维菌素中毒的鱼全身发黑

【诊断】　根据鱼体症状，询问用药情况可以确诊。

图 5-107　阿维菌素中毒的花鲢体色发黑，
　　　　　各鳍条末端发黑

图 5-108　阿维菌素中毒的鲫鳍条末端发黑

【防治措施】①杀虫剂需精确计算剂量，使用前务必将药液稀释均匀。②池塘施药时间应选在晴天上午第2次投喂后的半小时，可避免鱼在饥饿条件下条件反射将药物摄入体内。③风力较大时，池塘下风处勿施药或少施药，否则易引起白鲢中毒。④一旦发现外用药物导致鱼类中毒，应立即打开增氧机并大量换水，轻症可自愈。⑤泼洒杀虫剂及消毒剂前半小时应打开增氧机，使用后继续开2小时，可促使药液溶散，避免表层药物浓度过高。⑥泼洒杀虫剂后的2小时密切关注池鱼情况，发现异常及时处理。⑦阿维菌素的毒性主要取决于溶剂，使用二甲苯为溶剂的阿维菌素溶液秋季尤其剧烈降温时不可使用，否则可能引起鱼类中毒后漂浮在水面，失去对刺激的反应能力，寒潮来袭时被冻伤而批量死亡。⑧根据国家相关文件，阿维菌素已经禁止使用于水产养殖。

## 二十、缺氧

【病因】池水中的溶解氧含量低于养殖鱼类需要的最低限度，就会导致鱼类窒息，严重时池塘中养殖鱼类全部死亡。

导致溶解氧含量降低的因素较多，连续阴雨天气，光合作用变弱导致池塘产氧不足；池塘中耗氧因子过多，如有机质、浮游动物、底栖生物等大量消耗氧气，导致溶解氧含量低；外界环境突变，如温度的突然上升、暴雨后池底对流等，导致池底有机物瞬间、大量释放，溶解氧被快速消耗；浮游动物大量生长后消耗溶解氧，导致溶解氧含量下降。

【流行特点】"泛塘"主要发生在高温、闷热的季节，暴雨后、倒藻后（图5-109）最易发生。可以危害多种养殖鱼类，白鲢等对溶解氧敏感的鱼类最易发生。当池塘中出现白鲢、小杂鱼浮头时，应当引起高度重视，及时采取换水、增氧等措施提高溶解氧含量。

【临床症状和剖检病变】缺氧开始时，鱼类在水面或池边急促呼吸，活力减退，随着缺氧的加剧，鱼类活力丧失，鳃盖张开，随风漂到池塘下风处并堆积，随后全部死亡（图5-110~图5-112，视频5-8）。长期缺氧的

图 5-109　倒藻引起的泛塘

池塘、白鲢、花鲢等鱼的下唇异常增生，长于上唇（图5-113）。

【诊断】 根据本病的症状、流行特点结合水质状况，可做出诊断。

【防治措施】 ①发现浮头后立刻换水。但要注意换水时水量不可过大，也不可直接对着失去游动能力的鱼群冲水。应该在水面放置木板作为缓冲，以免失去游动能力的鱼类被水流冲到池塘底部后堆积窒息死亡。②晴天中午打开增氧机，促进上下水层对流，打破池塘溶解氧及温度的分层，对于预防缺氧有很大的作用。③缺氧后及时泼撒粉剂的增氧剂。注意增氧剂的使用方法，可在池塘中选定5~6个重点区域集中抛撒，以便快速形成局部富氧区域，短期内缓解缺氧的情况。不要全池泼撒增氧剂，这种做法增氧效率差，见效慢。④加强养殖管理、勤调水、勤底改，在关键节点如暴雨前一天做好改底，可避免水体对流引起池底有机质大量释放，瞬间耗尽溶解氧。⑤密切关注池塘中的浮游生物尤其是浮游动物的量（图5-114）、底栖生物量，这些生物过量生长后及时调控。

视频5-8

缺氧：鲤池严重缺氧，鲤无力，漂浮于岸边

图5-110 池塘缺氧时小杂鱼先死亡

图5-111 缺氧后小杂鱼先出现死亡

图5-112 斑点叉尾鮰养殖池严重缺氧引起的泛塘

图5-113 长期缺氧的花鲢下唇明显长于上唇

**视频 5-9**

水霉病：患病草鱼病症部位鳞片脱落，表皮腐蚀，上有大量絮状物

图 5-114　浮游动物过量生长导致的泛塘

## 二十一、水霉病

【病原】　病原主要是水霉属及绵霉属的一些种类，由内、外菌丝构成，内菌丝附着于鱼类伤口处，从损伤的皮肤、肌肉处吸取营养，外菌丝伸出鱼体组织外，形成肉眼可见的灰白色絮状物（视频 5-9）。

【流行特点】　水霉病是广泛流行、危害较大的病害之一，可感染几乎所有鱼类及水生动物的卵，在各地都可发生，主要流行于冬、春季。其发生一般与水温剧烈波动、鱼体受伤等因素有关；孵化水质不佳，有机质含量高，未及时捞取死卵是卵感染的重要原因。流行的水温为 5~26℃，最适发病水温为 13~18℃。

【临床症状和剖检病变】　水霉病是水霉菌寄生在鱼体或鱼卵上引起的一种真菌性疾病，为继发性疾病，鱼体受伤是水霉病发生的重要诱因。可寄生在鱼的体表（图 5-115~ 图 5-118）、鳍条（图 5-119）或者口腔等处（图 5-120），病鱼焦躁不安，游动迟缓（图 5-121），食欲减退，严重时可致死亡。疾病早期，在鱼体病灶部位有伤口出现，随着疾病的发展，菌丝不断在伤口处入侵，外菌丝向外长出，寄生部位组织坏死。鱼卵被寄生时，可见鱼卵外面长出大量外菌丝，形似太阳，俗称"太阳卵"（图 5-122）。

【诊断】　结合流行特点、观察到体表外菌丝等典型症状即可确诊。

图 5-115　患病花鲢病灶部位长满水霉菌丝

图 5-116　患病鲫体表长满水霉菌丝

图 5-117 患病长吻鮠体表长满水霉菌丝

图 5-118 患病草鱼体表溃烂部位长出水霉菌丝

图 5-119 病鲤尾鳍、体表长出水霉菌丝

图 5-120 患病斑点叉尾鮰口腔内长满水霉菌丝

图 5-121 患病鲻鱼无力漂浮于水面

图 5-122 感染水霉菌的卵长满菌丝

【预防】 ①养殖结束后彻底清塘，充分晒塘，杀灭池塘中的病原。②鱼体受伤后及时处理，避免伤口长期存在，可避免水霉菌的继发感染。③调节好水质，降低水体中有机质含量，可降低本病的发生。④越冬前加深水位，避免剧烈降温导致鱼体被冻伤后继发水霉病。

【临床用药指南】 外用：第 1 天上午全池泼撒小苏打（每升水体 50 毫克）加盐（每升水体 80 毫克）或者五倍子末（每升水体 0.3 毫克）加盐（每升水体 80 毫克），隔天上午使用优质碘制剂全池泼洒，含量为 10% 的聚维酮碘溶液 500 毫升泼洒 1~2 亩，隔天再用 1 次。

【注意事项】　①本病是鱼类养殖过程中的常见传染病，传染性强，致死率高，易复发，做好预防非常重要。②本病为条件致病性疾病，入侵途径为体表的伤口，加强对鱼体的检查，及时处理伤口、预防鱼体受伤是防控本病的关键。③治疗时先处理水霉，然后对感染处的伤口进行处理，促进伤口恢复是防止复发的关键。

## 二十二、白皮病

【病原】　病原为荧光假单胞菌，属革兰氏阴性菌。

【流行特点】　主要流行于6~9月的高温季节，白鲢、花鲢是主要发病鱼种，幼鱼发生率高于成鱼。

【临床症状和剖检病变】　发病初期病鱼尾柄或背鳍等处出现白点，后白点迅速蔓延、扩大，直至体表或尾鳍基部全部发白（图5-123~图5-125）。严重时病鱼鳍条腐烂脱落，不久即死亡。

【诊断】　根据症状及病变可初步诊断，确诊需要对致病菌进行分离、纯化、鉴定，做回感试验。

图5-123　患病的花鲢背部皮肤发白

图5-124　患病草鱼病灶处发白

图5-125　患病的白鲢背部皮肤发白

【预防】　同细菌性败血症。

【临床用药指南】

1）外用：①一旦发生本病，使用优质碘制剂泼洒，含量为10%的聚维酮碘溶液500毫升泼洒1~2亩，隔天再用1次。②苯扎溴铵溶液按说明剂量兑水稀释后全池泼洒，隔天再用1次。

2）内服：恩诺沙星拌麸皮内服，每天2次，剂量为每50千克麸皮用含量为10%的恩诺沙星400克，加2~2.5千克食用油一起拌匀后投喂。如果发病鱼以白鲢为主，将药饵均匀抛撒在池塘下风处（抛撒面积约占池塘面积的1/3）；如果发病鱼以花鲢为主，则在投饵台周围及池塘四周多撒。

【注意事项】　①白鲢性子急，拉网、运输时极易跳动，导致其受伤。在拉网前可泼洒促镇静类中草药使其安静，降低受伤概率。②本病的危害程度跟水温成正比，温度越高，暴发越快，死亡量越大，一旦确诊后及时治疗，避免造成更大损失。

### 二十三、体表纤毛虫病

【病原】 病原主要有累枝虫、聚缩虫等,属纤毛虫类寄生虫。

【流行特点】 在我国各主要水产养殖区均有流行,可以危害多种淡水鱼的卵、幼苗及成鱼,也可以寄生在虾、蟹、龟鳖的体表。水质优良,有机质少的池塘危害不大,若池塘有机质含量较高,水体交换不足,可形成暴发性增殖,引起寄主大批死亡。

【临床症状和剖检病变】 大量寄生于鱼体时,引起鱼体焦躁不安,被寄生部位脱黏(图5-126)、出血,甚至继发细菌感染,形成溃疡。

【诊断】 刮取鱼体溃疡部位绒毛状物镜检看到大量纤毛虫虫体(图5-127)即可确诊。

图 5-126 纤毛虫寄生后的鲶鱼体表脱黏

图 5-127 鲶鱼病灶部位刮取的
绒毛状物镜检图

【预防】 ①养殖结束后用生石灰带水清塘,用量为250~300千克/亩。②养殖季节经常使用芽孢杆菌、乳酸菌等有益细菌调节水质,分解水中的有机质,可降低本病的发生率。

【临床用药指南】 ①鱼类发病后可用硫酸铜全池泼洒,剂量为每升水体0.7毫克,隔天再用1次。②苦参末兑水后全池泼洒,剂量为300克/亩。

### 二十四、营养不均衡导致体色变浅

【病因】 部分养殖品种养殖总量小,营养需求的基础研究不足,人工配合饲料的营养配比不均衡,不能完全满足水生动物健康养殖的需求。

【流行特点】 养殖体量不大的品种如青鱼更易发生;另外大量使用代加工饲料的区域也有发生的可能。投喂高峰期发生概率更高。

【临床症状和剖检病变】 发病鱼的体色较健康鱼浅(图5-128),活力减弱,将鱼放入容器中数分钟后体色更浅,体表黏液脱落,尾鳍末端发白(图5-129)。解剖可见肝胰脏有不同程度的病变(图5-130)。

【诊断】 根据鱼体色变浅,结合饲料投喂管理情况可基本确诊。

图 5-128 发病青鱼体色变浅

图 5-129　发病斑点叉尾鮰尾鳍末端发白

图 5-130　发病青鱼肝胰脏病变

💬 **临床诊断要点**　①鱼体检查时，可将鱼放入容器中 5~10 分钟后再检查，观察体色是否变浅。②确诊需同时满足体色变浅、尾鳍末端发白两个典型特征。③诊断时还需查看饲料存放情况、投喂情况，以及对饲料品质做鉴定。

【预防】　①强化养殖管理，投喂营养均衡的优质饲料，坚持四定投喂原则。②根据养殖鱼类的食性适当补充天然饵料可有效缓解此症状。③自配饲料应在专业配方师的帮助下根据鱼的营养需求合理设置配方。

## 二十五、弯体病

【病因】　引起鱼类患弯体病的原因有：①水体中重金属超标。如新开挖的池塘重金属含量较高，养殖的水花极易形成弯体病。②饲料缺乏某种营养元素可能会导致弯体病，如维生素或者钙的缺乏。③受精卵发育期间环境条件不稳定如温度的突然变化，使胚胎发育不正常，可引起鱼苗弯体。④寄生虫侵袭神经系统，如双穴吸虫在体内移行时导致鱼类神经系统受损可引起弯体。⑤电击。鱼苗遭受电击，可导致脊椎弯曲，形成弯体病。

【流行特点】　各种鱼类都可以发病，主要发生在苗种尤其水花阶段。多发生在新开挖的池塘或者投喂、养殖管理不当的池塘，呈散在性发生。

【临床症状和剖检病变】　病鱼脊椎变形，身体弯曲（图 5-131~ 图 5-136），可正常摄食，但抢食能力不强，生长发育受到一定影响。

图 5-131　患病加州鲈脊椎弯曲

图 5-132　患病泥鳅脊椎弯曲

图 5-133　患病草鱼苗脊椎弯曲

图 5-134　患病草鱼脊椎弯曲，仍可正常生长

图 5-135　患病黄鳝尾柄弯曲

图 5-136　患病草鱼脊椎弯曲

【诊断】需综合考量各种因素后才能确定病因：先对鱼体重点部位做详细检查，查看是否有双穴吸虫或孢子虫的寄生，排除相关因素后询问苗种来源、池塘的开挖时间及投饵情况，做出最终判断。

【预防】①新开挖的池塘需泡塘 3~4 次再开展养殖，且避免养殖水花。②加强饲养管理，投喂配方科学、营养全面的人工配合饲料。③鱼卵孵化时确保孵化环境如水温、pH、溶解氧、水质的稳定，发现死卵及时捞出。④弯体病一旦形成后很难自行恢复，当超过一定比例的鱼苗出现弯体病后应考虑重新投放苗种。⑤使用来源不明的中草药存在重金属超标的风险，弯体病发生概率会提高。

## 二十六、萎瘪病

【病因】鱼种投放密度过大、滤食器官受损、频繁使用杀虫剂或者饲料缺乏，引起鱼体极度消瘦症。

【流行特点】主要发生在投放密度过大、饲料缺乏的池塘，频繁使用杀虫剂及大剂量氯制剂的池塘也经常发生。对花鲢和白鲢鱼苗及鱼种危害较大。

【临床症状和剖检病变】病鱼活动无力，头大身小（图 5-137 和图 5-138），极度消瘦，背

图 5-137　患病花鲢头大身小

如刀脊（图5-139和图5-140），体色暗浅，鳃丝色浅或苍白（图5-141），养殖过程中每天都有少量死亡，暴雨等强对流天气后往往出现大批量的死亡。

图5-138 患病白鲢头大身小，极度消瘦

图5-139 患病海鲈背如刀脊

图5-140 患病乌鳢苗极度消瘦

图5-141 患病花鲢鳃丝溃烂，末端苍白

【诊断】 根据症状，结合放养情况、投喂情况可以确诊。

【预防】 ①控制花白鲢的投放密度，合理放养花白鲢。②科学投喂，保证鱼类有充足的饲料。③构建标准化的鱼体检查流程，定期对鱼体进行检查，发现鳃部问题第一时间处理。④养殖过程中勿频繁使用杀虫剂或者强氧化性消毒剂。

【临床用药指南】 准确找到并消除病因，病鱼可逐渐恢复正常。

### 二十七、寄生虫引起的体表黏液增多

【病因】 寄生虫在体表大量寄生后引起黏液的大量分泌，肉眼可见体表出现一层蓝色或白色的黏液层。

【流行特点】 发生在寄生虫高发季节，养殖管理不善、水质调控不力的池塘更易发生。鱼苗出现的概率大于鱼种及成鱼。

【临床症状和剖检病变】 病鱼焦躁不安、狂游、乱窜或在水中跳跃，摄食减少或者不摄食。观察病鱼可见体表出现一层厚厚的蓝色或者白色的黏液层（图5-142），局部因继发细菌感染而出血、发红。

【诊断】 镜检鱼的体表发现大量虫体，结

图5-142 三代虫大量寄生的白鲢，体表出现厚厚的黏液层

合 pH（pH 过高也可引起体表黏液的异常分泌，形成相似的症状）的检测结果可基本确诊。

【防治措施】 同三代虫病。

## 二十八、pH 过高引起的黏液异常分泌

【病因】 光合作用旺盛的池塘或盐碱地池塘下午 pH 达到极值（9.5 及以上）后引起的鱼的不适症。

【流行特点】 主要发生于 4~5 月，盐碱地池塘及水质较肥、光照强烈的浅水池塘最易发生。

【临床症状和剖检病变】 发病池塘上午鱼的活动、摄食正常，下午尤其是 15:00 后出现狂游、跳跃（图 5-143），不摄食等情况。撒网查看可见鱼体表黏液增多（图 5-144）。

图 5-143　pH 过高的池塘草鱼狂游、跳跃

【诊断】 根据上、下午摄食情况，典型症状结合 pH 的检测结果可以确诊。

💬 临床诊断要点　①养殖鱼类上午摄食正常，下午摄食减少或不摄食。②上午水面无异常，下午水面有鱼不停地跳跃或狂游。③下午检测水体 pH 超过 9.5。④体表黏液异常增多。

图 5-144　pH 过高的池塘的草鱼黏液异常增多

【预防】 ①根据养殖季节合理调节水位、科学施肥，将水体肥度控制在一定的范围内可防止本病的发生。②易发季节经常使用发酵饲料或者乳酸菌、EM 菌等有益微生物泼洒，通过持续产生乳酸可防止 pH 异常偏高。

【临床用药指南】 一旦发生本病，全池泼洒有机酸如柠檬酸，短期内可恢复正常。

# 第六章　鳍条异常对应疾病的鉴别诊断与防治

## 第一节　诊断思路

鳍条检查异常的诊断思路见表6-1。

表 6-1　鳍条检查异常的诊断思路

| 检查部位 | 检查的重点内容 | 主要症状 | 初步诊断的结果 |
|---|---|---|---|
| 鳍条 | 鳍条颜色 | 鳍条发黑 | 阿维菌素使用不当引起的中毒（详见第五章） |
| | | | 大型寄生虫［喉孢子虫病（详见第二章）、舌型绦虫病（详见第八章）］ |
| | | | 细菌性烂鳃病（详见第二章） |
| | | 鳍条发白 | 肝胆综合征（白肝等，详见第二章、第七章） |
| | | | 体表/体内大量出血（细菌性败血症，详见第二章） |
| | | | 草鱼出血病（肠炎型详见第八章） |
| | 鳍条部位的寄生虫 | 主要寄生虫 | 锚头蚤病（详见第三章） |
| | | | 嗜子宫线虫病（详见第五章） |
| | | | 黄颡鱼拟吴李碘泡虫病 |
| | | | 鱼虱病（详见第二章） |
| | | | 车轮虫病（详见第一章） |
| | | | 纤毛虫病 |
| | 鳍条外观 | 鳍条溃烂 | 柱鳍病（烂尾病） |

## 第二节　常见疾病的鉴别诊断与防治

### 一、黄颡鱼拟吴李碘泡虫病

【病原】病原为拟吴李碘泡虫。

【流行特点】流行于5~10月，主要危害黄颡鱼，鱼种发病率高于成鱼。

【临床症状和剖检病变】 拟吴李碘泡虫寄生的病鱼，主要在背鳍、胸鳍、尾鳍、臀鳍等处形成大小不一、肉眼可见的小白点或瘤状包囊（图6-1~图6-4），被感染的鱼游动无力，摄食降低，最终消瘦而死。

图6-1　患病黄颡鱼尾鳍的包囊

图6-2　患病黄颡鱼尾鳍、臀鳍的包囊

图6-3　患病黄颡鱼背鳍、胸鳍、臀鳍及尾鳍上的包囊

图6-4　包囊大小不一，形态不规则

【诊断】 镜检包囊看到孢子虫（图6-5，该病例的病原鉴定由湖南农业大学刘新华完成）即可确诊。

【防治措施】 同喉孢子虫病。

## 二、纤毛虫病

【病原】 病原为纤毛虫，寄生于鳍条（也可寄生于鳃丝）的纤毛虫主要有车轮虫、聚缩虫、单缩虫、钟虫、杯体虫等（图6-6~图6-9）。

【流行特点】 在水产养殖主产区都有发生，可危害多种淡水鱼类，对鱼苗的危害大于鱼种及成鱼。水质优良、有机质少的池塘危害不

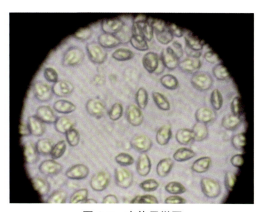

图6-5　虫体显微图

大，若池塘有机质含量较高，水体交换不足，可以形成暴发性增殖，并引起寄主大批死亡。

【临床症状和剖检病变】 大量寄生于鳍条时，引起鱼体焦躁不安，鳍条外观有一层絮状

物，鳍条被破坏后引起继发的细菌感染，最终形成蛀鳍的症状。

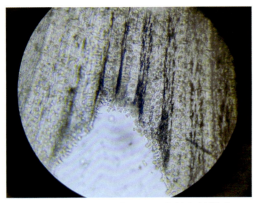

图 6-6　寄生于斑点叉尾鮰苗鳍条的钟虫

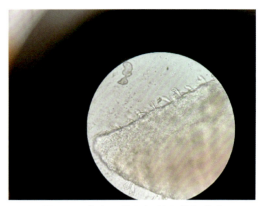

图 6-7　寄生于草鱼鳃丝上的杯体虫

图 6-8　寄生于泥鳅苗尾鳍的钟虫

图 6-9　纤毛虫显微图

【诊断】剪取少量鳍条压片镜检，看到大量纤毛虫即可确诊。

【预防】①养殖结束后使用生石灰带水清塘，用量为 250~300 千克 / 亩。②养殖季节经常使用芽孢杆菌、乳酸菌等有益微生态制剂调节水质，分解水中有机质，可降低发生概率。

【临床用药指南】①发病后用铜铁合剂全池泼洒，剂量为每升水体 0.7 毫克，隔天再用 1 次。②苦参末兑水后全池泼洒，剂量为 300 克 / 亩。

### 三、柱鳍病（烂尾病）

【病原】病原为嗜水气单胞菌、温和气单胞菌等，本病以鱼类尾鳍溃烂为主要特征。

【流行特点】可危害多种鱼类，以春季发病较为集中，其他季节也可发生。

【临床症状和剖检病变】发病初期病鱼尾柄处发白或充血（图 6-10），鳍条充血、末端腐烂（图 6-11~图 6-15），严重时尾鳍全部腐烂，尾柄部位肌肉溃烂，甚至露出骨骼，直至死亡。

【诊断】根据症状、流行特点及病变，可初步诊断。

【防治措施】同细菌性烂鳃病。

图6-10　患病大口鲇尾柄发白，尾鳍腐烂

图6-11　患病斑点叉尾鮰尾鳍腐烂

图6-12　患病草鱼尾鳍腐烂

图6-13　病鲫尾鳍腐烂，尾鳍上叶脱落，尾柄出血严重

图6-14　病鲤尾鳍末端腐烂

图6-15　患病泥鳅尾柄肌肉溃烂，尾鳍腐烂

# 第七章　内脏异常对应疾病的鉴别诊断与防治

<h1 align="center">第一节　诊断思路</h1>

内脏检查异常情况的诊断思路见表7-1。

表 7-1　内脏检查异常情况的诊断思路

| 检查部位 | 检查的重点内容 | 主要症状 | 初步诊断的结果 |
| --- | --- | --- | --- |
| 内脏 | 肝胰脏 | 肝胰脏颜色及病变 | 绿肝 |
| | | | 黄肝 |
| | | | 白肝（脂肪肝） |
| | | 肝胰脏点状出血 | 鳜虹彩病毒病（详见第二章） |
| | | | 黄鳍鲷虹彩病毒病 |
| | | | 加州鲈虹彩病毒病（详见第五章） |
| | | 肝胰脏发白或有白点（结节） | 白肝（脂肪肝） |
| | | | 吴李碘泡虫病 |
| | | | 诺卡氏菌病（详见第五章） |
| | 鱼鳔 | 出血形态 | 舒伯特气单胞菌病 |
| | | | 点状出血：鲤春病毒病／异育银鲫鳃出血病（详见第二章） |
| | | | 弥散性出血：细菌性败血症（详见第二章） |
| | | 其他病变 | 气泡病（详见第一章） |
| | | | 黄金鲫鳔积水症（详见第五章） |
| | 肾脏 | 肾脏有白点 | 诺卡氏菌病（详见第五章） |
| | 脾脏 | 脾脏有白点 | 诺卡氏菌病（详见第五章） |
| | 胆囊 | 形态及出血 | 胆囊萎缩 |
| | | | 胆囊出血 |

| 检查部位 | 检查的重点内容 | 主要症状 | 初步诊断的结果 |
|---|---|---|---|
| 内脏 | 肌肉 | 肌肉穿孔 | 柱形病 |
| | | | 扁弯口吸虫病（详见第二章） |
| | | 肌肉出血 | 草鱼出血病（红肌肉型） |
| | 脂肪 | 脂肪出血 | 细菌性败血症（详见第二章） |
| | | 脂肪发黄 | 饲料油脂氧化 |
| | | | 杀虫剂滥用 |
| | 肠系膜 | 出血 | 细菌性败血症（详见第二章） |
| | 腹腔膜 | 出血 | 细菌性败血症（详见第二章） |

# 第二节　常见疾病的鉴别诊断与防治

## 一、绿肝

【病因】　高密度养殖时大量投喂高蛋白质饲料、药物滥用、维生素缺乏或者饲料霉变等原因引起的肝胰脏病变。本病是一种常见病及多发病，以鱼类肝胰脏变成绿色为主要特征。

【流行特点】　主要发生在大量投喂的养殖季节，危害草鱼、异育银鲫、黄颡鱼等多种养殖鱼类，发病及死亡的主要是池塘中较大规格的个体。

【临床症状和剖检病变】　发病鱼体色变浅，尾鳍末端发白，离群独游，不摄食。解剖可见胆囊肿大，肝胰脏部分或全部变成绿色，部分病鱼肝胰脏萎缩、易碎（图7-1~图7-4）。

图7-1　患病草鱼肝胰脏呈绿色

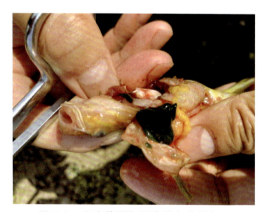

图7-2　患病黄颡鱼肝胰脏变成绿色

【诊断】　死鱼规格偏大；通过解剖可见肝胰脏变绿，结合饲料投喂情况可确诊。

【预防】　①科学投喂，适量投喂，根据水温、大气、鱼体的生长阶段灵活调整投饵率及饲料配方。②近年来饲料原料大幅上涨，区域内饲料企业恶性竞争加剧，多品种的饲料出现质量下降的情况，值得大家关注。长期投喂劣质饲料，鱼类营养摄入不足会影响肝胰脏的健康。

图 7-3　患病异育银鲫肝胰脏变成绿色

图 7-4　患病草鱼苗的肝胰脏易碎

【临床用药指南】　①死鱼的个体偏大且体表无明显的症状时，应考虑为肝胆综合征引起的死亡。肝胆综合征引起发病时，停喂 3~7 天，死鱼情况可有效缓解。② 维生素 C+ 维生素 E、氯化胆碱、甜菜碱、葡醛内酯、胆汁酸按照每千克饲料 4 克、7.5 克、0.1 克、2.5 克、1.5 克拌料投喂，每天 1 次，连喂 7 天。③ 某些公司生产的以甘草、葛根、马齿苋等中草药为主要成分的产品对肝胰脏病变有确切的效果。

## 二、黄肝

【病因】　长期投喂抗生素的鱼易出现肝胰脏发黄的现象。

【流行特点】　主要发生在养殖密度高、长期不清塘、发病率高、致病菌耐药性强的池塘。生产中有些池塘发病后持续拌服抗生素超过 3 个月，长期使用抗生素预防鱼病（用抗生素预防鱼病无效）的池塘发病概率也高。

【临床症状和剖检病变】　病鱼体表无明显异常，生长速度较正常养殖池塘的更快，鱼体外观肥胖，抗应激能力差，易缺氧，易发病，极端天气后往往出现大量死亡。解剖可见肝胰脏发黄（图 7-5 和图 7-6）。

图 7-5　长期投喂抗生素的乌鳢肝胰脏发黄

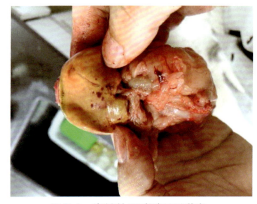

图 7-6　海鲈的肝胰脏呈现黄色

【诊断】　根据死鱼规格偏大、抗应激能力弱、肝胰脏发黄等细节，结合药物投喂情况可以确诊。

【预防】　①科学投喂，适量投喂，根据水温、天气、鱼体的生长阶段灵活调整投饵率及饲料配方。② 不要使用抗生素预防鱼病。

【临床用药指南】　发病后停用抗生素，同时用葛根、甘草等为主要成分的中草药加维生素 C 和维生素 E 拌料投喂，每天 1 次，连喂 7~10 天。

## 三、白肝（脂肪肝）

【病因】　本病是由大量投喂高蛋白质、高油脂的饲料（或者投喂鸡肠及动物内脏）、药物滥用、维生素缺乏或者饲料霉变等因素引起的。

【流行特点】　可危害几乎所有鱼类，肉食性鱼类的发病率高于草食及杂食性鱼类，主要发生在鱼类快速生长季节。

【临床症状和剖检病变】　发病鱼外观无明显异常，检查外表可见鳃丝颜色变浅，尾鳍末端发白（图 7-7）。解剖可见肝胰脏变成白色（图 7-8 和图 7-9）或者纤维化（图 7-10）。

图 7-7　患病异育银鲫尾鳍末端发白

图 7-8　患病青鱼肝胰脏脂肪浸润，变成白色

图 7-9　患病草鱼肝胰脏变成白色

图 7-10　发病草鱼肝胰脏纤维化，表面有大量油脂颗粒

【诊断】　根据死鱼规格偏大，结合肝胰脏的颜色、形态及饲料投喂细节可以确诊。

【预防】　科学投喂，适量投喂，根据水温、天气、鱼体的生长阶段灵活调整投饵率及饲料配方。

【临床用药指南】①池塘中死鱼的个体偏大且体表无明显的症状时，应考虑为肝胆综合征引起的死亡。肝胆综合征引起发病时，停喂 3~7 天病情可有效缓解。②维生素 C+ 维生素 E、氯化胆碱、甜菜碱、葡醛内酯、胆汁酸按照每千克饲料 4 克、7.5 克、0.1 克、2.5 克、1.5 克拌料投喂，每天 1 次，连喂 7 天。③某些公司生产的以甘草、葛根、马齿苋等中草药为主要成分的产品对肝胰脏病变有确切的效果。④胆汁酸配合维生素 E 可以较好地解决白肝（脂肪肝）。

## 四、吴李碘泡虫病

【病原】病原为吴李碘泡虫（图 7-11）。

【流行特点】主要感染异育银鲫、黄金鲫的鱼种及成鱼，短期内可大量寄生。5~12 月都可流行，秋后为甚，冬季死亡率较高。

【临床症状和剖检病变】吴李碘泡虫寄生在鲫的肝胰脏等部位。被感染鱼游动缓慢，体色发黑，颜色变浅，腹部膨大（图 7-12）。解剖后可见腹腔有白色或红色的包囊（图 7-13~ 图 7-17）。

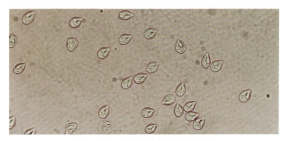

图 7-11　吴李碘泡虫显微图

图 7-12　感染吴李碘泡虫的异育银鲫体色发黑，腹部膨大

图 7-13　吴李碘泡虫在异育银鲫腹腔形成的红色包囊

图 7-14　吴李碘泡虫在异育银鲫腹腔形成的白色包囊

图 7-15　吴李碘泡虫在异育银鲫肝胰脏形成的包囊，内脏团被包囊压迫后萎缩

图 7-16　吴李碘泡虫感染初期在异育银鲫肝胰脏形成的包囊形态

图 7-17　吴李碘泡虫在黄金鲫肝胰脏形成的白色包囊

【诊断】　根据流行特点、症状可初步诊断，取包囊压片镜检发现吴李碘泡虫可确诊。

【防治措施】　同喉孢子虫病。

【注意事项】　吴李碘泡虫传染性强，治疗难度大，一旦暴发可在短期内引起病鱼大量死亡。若发现不及时，被感染的鱼在冬季也会批量死亡。因此加强鱼体的检查，构建标准化的检查流程，做好预防工作尤为重要。

## 五、黄鳍鲷虹彩病毒病

【病原】　本病为新发疾病，病原为虹彩病毒。

【流行特点】　近几年在黄鳍鲷主产区如珠海开始发生，可以感染鱼种及成鱼。发病水温为 21~32℃，最适发病温度为 23~30℃，3 月底开始发病，6~8 月为发病高峰，9~11 月逐渐减少。

【临床症状和剖检病变】　濒死鱼离群独游，体色变浅，外观无明显异常（图 7-18 和视频 7-1），腹部膨大（图 7-19）。打开腹腔可见少量无色透明腹水，肝胰脏点状出血（图 7-20），腹腔膜点状出血，胃肠道无食物，肠道没有脓液。

🎥 视频 7-1

黄鳍鲷虹彩病毒病：患病黄鳍鲷体表外观正常，胸鳍基部出血

图 7-18　患病黄鳍鲷体表无明显异常

图 7-19　患病黄鳍鲷腹部膨大

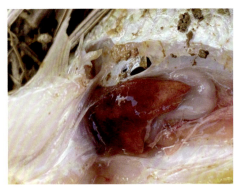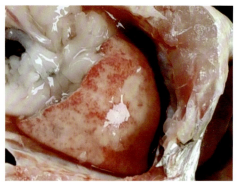

图 7-20 患病黄鳍鲷肝胰脏点状出血

【诊断】 根据流行特点、外表症状及病变可做出初步诊断，确诊需采用分子生物学方法。

【预防】 ①严格执行苗种检疫，弃养带毒苗种。②强化投喂管理，严格把控饲料的适口性及质量，人工配合饲料配合优质丁酸梭菌或者发酵饲料一起投喂。③敏感温度到来前 10~15 天，加量投喂免疫增强剂或者抗病毒中草药。④加强对鱼体的检查，发现问题，及时处理。

【临床用药指南】 同草鱼出血病。

## 六、舒伯特气单胞菌病

【病原】 病原为舒伯特气单胞菌，为革兰氏阴性菌。

【流行特点】 主要流行于 6~9 月，放养密度大，氨氮、亚硝酸盐高的池塘容易发病。本病发生急，危害大，对杂交鳢有较高的致病力和致死性，各种规格的杂交鳢均可发病，以当年鱼种发病为多。部分地区发病率可达 40%，死亡率为 10%~40%。

【临床症状和剖检病变】 濒死鱼活力下降，离群独游，体表有点状或斑点状出血，形成溃疡灶（图 7-21 和图 7-22），肛门红肿。打开鳃盖可见鳃丝色浅、少量出血，肝胰脏、肾脏有大量触感较滑、形态不规则的结节（图 7-23 和图 7-24，视频 7-2），胃、肠道充血发红，消化道内无食物。

视频 7-2
舒伯特气单胞菌病：患病乌鳢内脏团表面出现大量小的白色结节

图 7-21 发病初期乌鳢体表出现大量形态较小的溃疡灶

图 7-22 发病中后期乌鳢体表较大的溃疡灶

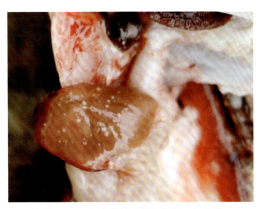

图 7-23 患病海鲈肝胰脏的细小结节

图 7-24 患病乌鳢腹腔出现大量细小结节

【诊断】 根据流行特点、内脏结节等典型症状及病变可初步诊断，确诊需对致病菌进行分离、鉴定及回感试验。

【防治措施】 同细菌性败血症。

【注意事项】 ①定期清淤、彻底清塘，降低淤泥中病原的丰度可降低本病的发生率。②消化道创伤是诱发本病的重要原因，应予以关注。③治疗本病时，外用药物以优质碘制剂为好。④舒伯特气单胞菌与诺卡氏菌均能形成内脏"白点"，诊断时需注意区分：舒伯特气单胞菌引起的"白点"光滑，个体较小，质地柔软，多发生于水温 30℃以上；诺卡氏菌引起的"白点"呈突起状，个体更大，质地更硬，在水温 20~28℃更容易发生。生产一线常有二者并发的情况，处理时需要加以区别，对症下药，方能精准治疗。

## 七、鲤春病毒病

【病原】 病原为弹状病毒。

【流行特点】 流行于春季高密度养殖池塘，发病温度为 12~18℃，当水温升高到 22℃以上并持续一段时间，疾病可自愈，在我国呈散在性发生。保守治疗时一般不会引起大批死亡，处理不当死亡率可达 80% 以上。主要危害各种鲤的鱼苗及鱼种，通过鱼体接触的方式进行传播。2022 年，鲤春病毒病由一类水生动物疫病修改为二类水生动物疫病。

【临床症状和剖检病变】 病鱼因游动失衡、活力丧失而聚集于池塘下风处及进排水口处。观察濒死鱼可见体色发黑，眼球突出（图 7-25），体表有不同程度的充血或出血（图 7-26），肛门红肿，有时可见腹水从肛门流出。解剖濒死鱼，腹腔内有大量带血的腹水，肝胰脏、肾脏肿大、出血（图 7-27），肠道结构完整（图 7-28），鱼鳔点状出血（图 7-29）。

图 7-25 患病建鲤眼球突出，体色发黑

【诊断】 根据流行特点、外表症状及病变可初步诊断，确诊需采用分子生物学、细胞培养技术或者电镜观察。

【防治措施】 同痘疮病。

图 7-26　患病建鲤眼球突出，腹鳍上方出血

图 7-27　患病建鲤肝胰脏出血

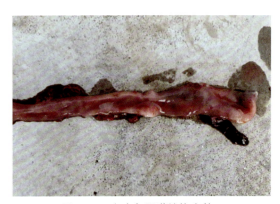

图 7-28　患病鱼肠道结构完整

图 7-29　患病建鲤的鳔点状出血

## 八、柱形病

【病原】　病原有柱状黄杆菌、嗜水气单胞菌、温和气单胞菌等，均为革兰氏阴性菌，本病是一种在体表形成形态各异、大小不等的溃疡灶为主要特征的常见疾病。

【流行特点】　可以危害如白鲢、鲫、鲤、黄颡鱼、斑点叉尾鮰等几乎所有温水性淡水养殖鱼类，主要流行于春末、夏初水温回升期，本病的发生与饲料投喂管理不当导致鱼体体质偏弱及水质或底质的恶化有一定的关系。

【临床症状和剖检病变】　发病初期病灶部位颜色变浅、褪色（图 7-30~图 7-32）并出现充血和出血。随着病情的发展，病灶处鳞片脱落或脱黏，表皮坏死，出现溃疡（图 7-33 和图 7-34）露出肌肉（图 7-35 和图 7-36），严重时肌肉腐烂，甚至露出骨骼及内脏，病鱼逐渐死亡。

【诊断】　根据症状及病变，可初步判断。确诊需要对致病菌进行分离、鉴定及回感试验。诊断时，还应询问具体养殖管理细节。

【预防】　同细菌性败血症。

图 7-30　患病斑点叉尾鮰发病初期病灶部位褪色

图 7-31 患病斑点叉尾鮰病灶颜色变浅

图 7-32 患病斑点叉尾鮰病灶部位颜色变浅、褪色

图 7-33 患病镜鲤体表出现不规则溃疡

图 7-34 患病斑点叉尾鮰尾柄处的溃疡斑

图 7-35 患病鲫体表鳞片脱落，露出肌肉

图 7-36 患病斑点叉尾鮰溃疡部位烂及肌肉

【临床用药指南】

1）外用：一旦发生本病，使用优质碘制剂泼洒，含量为10%的聚维酮碘溶液500毫升泼洒1~2亩，隔天再用1次。

2）内服：无鳞鱼如黄颡鱼发生本病后，可用氟苯尼考复配盐酸多西环素一起拌料内服，剂量为氟苯尼考每千克鱼体重 10~20 毫克、盐酸多西环素每千克鱼体重 20~40 毫克，每天 1 次，连喂 5~7 天；有鳞鱼可用恩诺沙星拌料内服，每天 2 次，剂量为每千克鱼体重 20~40 毫克，连喂 5~7 天。

【注意事项】 柱形病虽为细菌感染所致，但与上一年度秋季饲料投喂不当有很大关系。有养殖户认为秋季水温较低，鱼类生长缓慢，因此饲料投喂量偏低，饲料质量不高，这就造成了越冬期鱼类没有充足的营养储备，体质下降，在春季水温回升后，细菌大量滋生引起发病。

## 九、草鱼出血病（红肌肉型）

【病原】 病原为草鱼呼肠孤病毒。

【流行特点】 草鱼出血病（红肌肉型）发病规格一般为 250 克以下。发病水温在 22~33℃，27~30℃发病最为严重。本病原对水温较为敏感，在敏感水温外几乎不发病，主要通过鱼体接触等方式进行传播。一旦发病，若使用如二氧化氯、苯扎溴铵、二硫氰基甲烷等消毒剂后，死亡量会迅速上升。

【临床症状和剖检病变】 草鱼出血病（红肌肉型）的主要特征是濒死鱼离群独游，体色发黑，眼球凹陷，撕开皮肤可见肌肉点状出血（图 7-37）。除此之外可能伴随鳍条出血、肠道出血、体表溃烂等其他症状。

图 7-37　患病草鱼肌肉点状出血

【诊断】 根据流行特点、外表症状及病理变化可初步诊断，确诊需采用分子生物学、细胞培养技术或者电镜观察。

🔲 临床诊断要点　①只死草鱼，同塘其他鱼不死。②发病草鱼的规格主要在 750 克以下。③发病后投喂抗生素无效。④濒死鱼眼球凹陷，肌肉点状出血。

【预防】 同草鱼出血病（红鳍红鳃盖型）。

【临床用药指南】 同草鱼出血病（红鳍红鳃盖型）。

【注意事项】 同草鱼出血病（红鳍红鳃盖型）。

## 十、脂肪发黄

【病因】 使用某些杀虫剂（主要是敌百虫及车轮虫药、小瓜虫药，俗称黄药水）或者摄入了配比不科学、霉变的饲料都可能可引起脂肪颜色变黄。

【流行特点】 常发生于寄生虫高发季节、杀虫剂使用频率较高的季节，饲料投喂管理较差的池塘也易发生。

【临床症状和剖检病变】 发病初期，鱼体无明显异常，偶尔可见体表颜色变浅，打开腹腔，可见肠系膜等处的脂肪变成黄色（图7-38～图7-44）。

图 7-38　使用敌百虫后草鱼肠系膜脂肪变成黄色

图 7-39　使用敌百虫后草鱼肠系膜脂肪变成黄色

图 7-40　治疗波豆虫后鳜鱼脂肪变成黄色

图 7-41　使用车轮虫药后黄颡鱼脂肪变成黄色

图 7-42　使用杀虫药后白鲢肌肉变成黄色

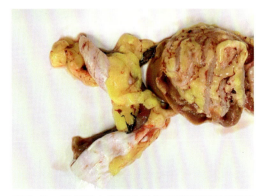

图 7-43　使用杀虫药后白鲢肠系膜脂肪变成黄色

图 7-44 正常的脂肪及颜色

【诊断】 根据症状结合养殖管理细节可做出初步诊断。

【防治措施】 ①选择 GMP 企业生产的国标杀虫剂，不用未知成分的杀虫剂。②科学投喂，选择配方合理、原料新鲜的饲料。③饲料中足量添加复合维生素，对脂肪颜色的恢复有帮助。

# 第八章　消化道异常对应疾病的鉴别诊断与防治

## 第一节　诊断思路

消化道检查异常情况的诊断思路见表8-1。

表 8-1　消化道检查异常情况的诊断思路

| 检查部位 | 检查的重点内容 | 主要症状 | 初步诊断的结果 |
|---|---|---|---|
| 消化道 | 胃 | 胃壁变薄、溃疡灶 | 胃溃疡 |
| | 肠道解剖后 | 肠道结构完整、无内容物，偶见肠壁点状出血 | 草鱼出血病（肠炎型） |
| | | 肠道壁薄、轻扯易断，肠道内充满红色或黄色脓液 | 细菌性肠炎病 |
| | | 肠道肉眼可见的寄生虫 | 九江头槽绦虫病 |
| | | | 舌型绦虫病 |
| | | | 鲤蠢绦虫病 |
| | | | 罗非鱼头槽绦虫病 |
| | | | 棘头虫病 |
| | 腹腔及肠道寄生虫 | | 普洛宁碘泡虫病 |
| | | | 饼型碘泡虫病 |
| | | 腹腔或肠道需镜检的寄生虫 | 吉陶单极虫病（详见第五章） |
| | | | 毛细线虫病 |
| | | | 肠袋虫病 |
| | | 后肠粪便寄生虫 | 肠道吸虫病 |
| | | 肠壁包囊 | 胃瘤线虫病 |
| | 肠道套叠 | 肠道套叠 | 套肠病 |

# 第二节　常见疾病的鉴别诊断与防治

## 一、胃溃疡

【病因】　低温期鱼类消化酶活性低，饲料消化慢，投喂过量就会引起胃肠负担大，甚至形成胃溃疡。

【流行特点】　主要发生在冬、春季，连续晴天突然剧烈降温时最易发生，主要危害斑点叉尾鮰、黄颡鱼等有胃鱼，鱼种的发病率高于鱼苗。

【临床症状和剖检病变】　濒死鱼离群独游，体色发黑，偶有水霉菌继发的情况。解剖可见胃壁充血或出血，有明显的溃疡灶（图 8-1 和图 8-2）。

图 8-1　斑点叉尾鮰胃壁出现多个溃疡灶　　　图 8-2　斑点叉尾鮰胃壁充血，出现溃疡灶

【诊断】　结合饲料投喂情况，胃壁解剖后发现溃疡灶可以确诊。

【预防】　①有胃鱼越冬期在天气晴好时 4~5 天投喂 1 次，每次的投喂量不超过 2‰。②易发病季节经常在饲料中添加乳酸菌（丁酸梭菌）或者优质发酵饲料拌料投喂，可预防本病的发生。③根据天气变化灵活调整投饵率，投喂适口性好的饲料；阴雨天气，溶解氧不足，温差较大时适当降低投饵率或停止投饵，可降低该病的发生。④建立标准化的鱼体检查流程，对消化道进行目检及剖检，关注消化道寄生虫及溃疡情况，发现问题及时处理。

【临床用药指南】　一旦发病，停料 10~15 天，恢复投料时在饲料中将丁酸梭菌按照说明书推荐剂量的 2 倍添加投喂，连喂 10~15 天。当水温上升到 20℃以上时，用氟苯尼考拌料投喂，剂量为每千克鱼体重 10~20 毫克，每天 1 次，连喂 5~7 天。

## 二、细菌性肠炎病

解剖肠道，观察肠道的完整性、肠壁的韧性、肠道内容物及肠壁的出血形态，可为病原是细菌还是病毒提供临床诊疗参考，不同种类病原的特征见表 8-2。

表 8-2　不同种类病原的特征

| 病原种类 | 肠道完整性 | 肠壁韧性 | 肠道内容物数量 | 肠道出血形态 |
| --- | --- | --- | --- | --- |
| 细菌 | 差 | 差，轻扯易断 | 多，大量脓液 | 块状或弥散性出血 |
| 病毒 | 好 | 好，不易扯断 | 少，几乎无内容物 | 点状出血 |

【病原】　病原为肠型豚鼠气单胞菌，为革兰氏阴性菌。

【流行特点】　可感染草鱼、青鱼、团头鲂等几乎所有鱼类，幼鱼至成鱼都可发生，摄食量越大的鱼越容易发生本病，可引起较大规模的死亡，流行季节为 4~9 月。过量投喂、饲料适口性差是主要的诱发因素，底质恶化，淤泥沉积，水中有机质含量过高的鱼池和投喂变质饲料时也会发生本病。

【临床症状和剖检病变】　发病初期鱼体发黑，食欲减退，外观无其他明显症状。池塘中有大量漂浮的粪便（图 8-3），解剖后可见肠壁局部或全部充血发炎，肠道内有少量食物（图 8-4）。随着疾病的发展，腹部膨大，肛门红肿（图 8-5），解剖后可见腹腔中有黄色或红色腹水。整个肠道充血发红（图 8-6），肠管松弛，肠壁薄、无弹性，轻拉易断，肠道中有气泡或黄色脓液（图 8-7 和图 8-8），有时肠系膜、肝胰脏等也有充血现象。

图 8-3　水面漂浮大量粪便

图 8-4　患病乌鳢肠壁充血，有少量食物

图 8-5　患病斑点叉尾鮰肛门红肿

图 8-6　患病草鱼的肠道外观发红

【诊断】　根据症状及病变可做出初步判断。确诊需对病原进行分离、纯化、鉴定及回感试验。

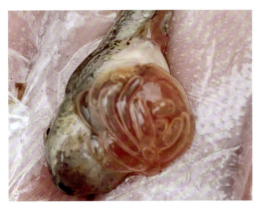

图 8-7 患病蝌蚪肠道充气严重

图 8-8 患病草鱼肠道内充满黄色脓液

【预防】①彻底清塘，定期清淤，杀灭池塘底部及池梗的病原。②易发病季节提前在饲料中添加乳酸菌（丁酸梭菌）或者优质发酵饲料拌喂，可预防本病的发生。③根据天气灵活调整投饵率，投喂适口性好的饲料；阴雨天气，溶解氧不足时，温差较大时适当降低投饵率或停止投饵，可预防本病的发生。④建立标准化的鱼体检查步骤，重点对消化道尤其是肠道进行检查，关注消化道寄生虫及溃疡情况，发现问题及时处理。

【临床用药指南】 一旦发病，可降低投饵率至正常的 2/3，同时采用下列措施。

1）外用：含氯制剂兑水后全池泼洒，剂量为每升水体 1.5~2.0 毫克，隔天再用 1 次，或者优质碘制剂全池泼洒，含量为 10% 的聚维酮碘溶液 500 毫升泼洒 1~2 亩，隔天再用 1 次。

2）内服：①氟苯尼考内服，剂量为每千克鱼体重 10~20 毫克，每天 1 次，连喂 5~7 天。②恩诺沙星内服，剂量为每千克鱼体重 20~40 毫克，每天 2 次，连喂 5~7 天。

【注意事项】①氟苯尼考对细菌性肠炎病的治疗效果优于恩诺沙星，生产中治疗细菌性肠炎病应优先选择氟苯尼考。②有养殖户将大蒜素、三黄粉等作为预防药物长期添加于饲料中，该做法可能导致肠道菌群紊乱，停药后易诱发肠炎。③大蒜素、三黄粉等在治疗细菌性肠炎时配合主药使用可提高治疗效果。④治疗期间保持低投饵率，治愈后使用乳酸菌（丁酸梭菌）或者发酵饲料继续拌服 7~10 天，可调整肠道状态，防止复发。

### 三、草鱼出血病（肠炎型）

【病原】 病原为草鱼呼肠孤病毒。

【流行特点】 主要危害草鱼及青鱼鱼种，发病规格一般为 750 克以下，1500 克以上的草鱼及青鱼发生草鱼出血病的概率大幅降低。发病水温在 22~33℃，27~30℃发病最为严重。本病原对水温较为敏感，在敏感水温外几乎不发病，主要通过鱼体接触等方式进行传播。一旦发病，若使用如二氧化氯、苯扎溴铵、二硫氰基甲烷等消毒剂后，死亡量会迅速上升。

【临床症状和剖检病变】 草鱼出血病（肠炎型）的主要症状是濒死鱼体色发黑，鳍条末端发白，眼球凹陷。解剖可见肠道外观充血发红（图 8-9），解剖肠道可见肠道结构完整，肠壁弹性好，肠道内没有脓液等内容物，有时可见肠壁点状出血（图 8-10）。

【诊断】 根据流行特点、外表症状及病变可初步诊断，确诊需采用分子生物学、细胞培养技术或者电镜观察。

【预防】 同草鱼出血病（红鳍红鳃盖型）。

【临床用药指南】 同草鱼出血病（红鳍红鳃盖型）。

图 8-9　患病草鱼解剖后可见肠道外观充血发红

图 8-10　患病鱼肠道可见肠道结构完整，
无内容物，肠壁点状出血

【注意事项】同草鱼出血病（红鳍红鳃盖型）。

## 四、斑点叉尾鮰肠型败血症（爱德华氏菌急性感染）

【病原】病原为鮰爱德华氏菌，为革兰氏阴性菌。

【流行特点】一年有 2 次流行期，分别是 5~6 月、9~10 月，最适发病水温为 24~28℃。可感染斑点叉尾鮰、云斑鮰、红鮰等鱼种。发病急，死亡快，急性感染 2~3 天发病率可达 90%，死亡率也可达 90% 以上，危害较大。

【临床症状和剖检病变】本病是对斑点叉尾鮰危害极大的烈性传染病，急性感染与慢性感染症状不同。急性感染时，发病急，死亡率高（图 8-11），病鱼腹部膨大，体表、肌肉可见细小的充血、出血斑及溃疡灶（图 8-12 和图 8-13），病鱼眼球突出，鳃丝苍白，腹腔积水，肝胰脏、脾脏、肾脏肿大、充血、出血，胃、肠道出血（图 8-14~图 8-16），有红色积液。

图 8-11　肠型败血症导致斑点叉尾鮰大量死亡

图 8-12　患病鱼体表密布细小的充血斑

图 8-13　患病鱼体表密布小的溃疡灶

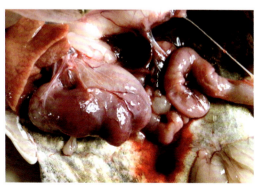

图 8-14　患病鱼胃积水膨大、内脏出血

图 8-15　患病鱼肠道严重充血，肝胰脏肿大、充血

图 8-16　患病鱼肠道严重出血

【诊断】根据症状及病变，可初步判断，确诊需对致病菌进行分离及回感试验。

【预防】①斑点叉尾鮰等有胃鱼类水温较低时切勿投喂过量，否则极易引起消化道病变，诱使本病暴发。②开春后及时调好水质，重点改善底质，优化池底环境，在饲料中添加发酵饲料或者乳酸菌，可促进摄食及体质的回升，对预防本病有较大作用。

【临床用药指南】

1）外用：一旦发生本病，使用优质碘制剂兑水后全池泼洒，含量 2% 的复合碘溶液 500 毫升泼洒 2~3 亩，隔天再用 1 次。

2）内服：氟苯尼考加强力霉素拌料内服，每天 1 次，剂量为每千克鱼体重使用氟苯尼考 10~20 毫克、强力霉素 30~50 毫克，连喂 5~7 天。

【注意事项】①本病是斑点叉尾鮰养殖过程中的常见烈性传染病，发病快，死亡率高，治疗效果与投饵率高度相关。养殖中应做好预防工作，避免本病的暴发。②鱼类消化效率受水温影响较大，低温期应控制投饵率在 0.2% 以下。③斑点叉尾鮰没有鳞片，体表的黏液为身体的第一道免疫防线，对疾病的预防起到了重要作用，若水体 pH 长期过高可破坏黏液完整性，因此养殖过程中需使用发酵饲料、EM 菌等对 pH 进行调控，避免 pH 长期超过 9.0。

## 五、九江头槽绦虫病

【病原】病原为九江头槽绦虫。虫体扁平、带状，由许多节片组成（图 8-17 和视频 8-1），每个节片内有雌雄生殖器官，雌雄同体。生活史有 5 个阶段，分别为卵、沟球蚴、原尾蚴、裂头蚴、成虫，中间寄主为剑水蚤等。

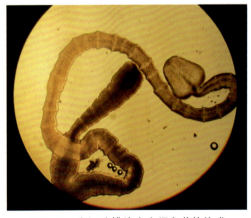

图 8-17　九江头槽绦虫由很多节片构成

视频 8-1
九江头槽绦虫病：九江头槽绦虫的虫体由大量节片构成

【流行特点】　鱼苗阶段即可被感染，短期内可大量寄生，尤其对越冬的草鱼鱼种危害最大，死亡率可达90%（图8-18）。九江头槽绦虫寄生于草鱼（图8-19）、团头鲂、青鱼、白鲢（图8-20）、花鲢肠内，以草鱼及团头鲂受害最为严重，全国各地都有发生。

图8-18　九江头槽绦虫大量寄生导致草鱼苗死亡

图8-19　九江头槽绦虫大量寄生在草鱼肠道

【临床症状和剖检病变】　被感染的草鱼摄食减少，体色发黑，体形消瘦，口常张开，俗称"干口病"。大量寄生时，外观可见腹部膨大，触摸有紧实感，解剖后可见前肠膨大，剪开肠道，内有大量白色细长虫体（图8-21~图8-23）。

图8-20　九江头槽绦虫寄生在白鲢肠道

图8-21　九江头槽绦虫在肠道大量寄生

图8-22　九江头槽绦虫主要寄生于草鱼前肠

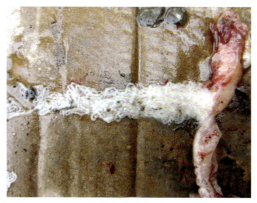

图8-23　九江头槽绦虫大量寄生时可钻出肠道

【诊断】 结合流行特点、症状，剪开肠道看到九江头槽绦虫虫体即可确诊。

【预防】 外用：①养殖结束后每亩用 250~300 千克的生石灰带水清塘，可杀灭寄生虫幼虫和中间寄主。②科学管理底质，保持底质优良，可降低寄生虫发生的概率。③易发季节，在投饵台使用敌百虫挂袋，连挂 3 天，可有效降低发病率。④做好池塘驱鸟工作，鸥鸟是九江头槽绦虫的重要中间寄主及传播途径。

【临床用药指南】

1）外用：①晴天上午，使用渔用敌百虫兑水后全池泼洒，剂量为每升水体 0.7~1 毫克，每天 1 次，连用 2 天。②晴天上午，使用 4.5% 的氯氰菊酯溶液全池泼洒，剂量为每升水体 0.02~0.03 毫升，严重时需用 2 次。

2）内服：①阿苯达唑拌料内服，剂量为每千克鱼体重 40 毫克，每天 1 次，连喂 5 天。②吡喹酮拌料内服，剂量为每千克鱼体重 50 毫克，每天 1 次，连喂 5 天。③盐酸左旋咪唑拌料内服，剂量为每千克鱼体重 4~8 毫克，每天 1~2 次，连喂 3 天。

【注意事项】 ①除了内服药物对九江头槽绦虫进行驱除外，还需在内服 3 天后全池外用广谱杀虫剂对脱落的九江头槽绦虫进行杀灭，否则脱落的虫体可能被鱼类摄食造成二次感染。②由于九江头槽绦虫主要寄生于前肠，内服的治疗药物应选择具驱虫功效的，若使用杀虫功效的药物会导致死亡的虫体在体内腐败并引起鱼体死亡。③发病池塘保证充足的投饵量，否则饥饿的鱼在寻找食物时会将排出的虫体或虫卵摄入，造成二次感染。

## 六、舌型绦虫病

【病原】 病原为舌型绦虫的裂头蚴。虫体肥厚，呈白色长带状（图 8-24），最长可达 1 米，每条鱼可感染一到数十条不等的虫体。

【流行特点】 主要感染异育银鲫、黄金鲫，幼鱼到成鱼都可感染，生产中发现过体长 7 厘米的异育银鲫寄生 7 条舌型绦虫的病例。一年四季都可感染，摄食高峰期也是感染高峰期，虫体可在鱼体内越冬，长期寄生后导致鱼体虚弱，在冬季大幅降温时出现批量死亡（图 8-25）。

图 8-24　舌型绦虫外观图

图 8-25　舌型绦虫病暴发性感染后
导致养殖鲫批量死亡

【临床症状和剖检病变】 病鱼体色发暗，色泽变浅，腹部膨大，一般情况下无濒死鱼。解剖可见腹腔中充满白色带状虫体，内脏受挤压后变形萎缩（图 8-26 和图 8-27），正常生理机能受抑制或遭破坏，引起鱼体发育受阻，体形消瘦，无法生殖。有的裂头蚴可以从鱼腹部钻出，直接造成病鱼死亡。

图 8-26  舌型绦虫与内脏团相互缠绕

图 8-27  患病鲫的内脏团

【诊断】 打开腹腔看到白色带状虫体（图 8-28 和图 8-29）即可确诊。

图 8-28  患病鲫腹腔中的舌形绦虫

图 8-29  单条黄金鲫寄生的虫体

【防治措施】 同九江头槽绦虫病。

## 七、鲤蠢绦虫病

【病原】 病原为鲤蠢绦虫（图 8-30），属于鲤蠢科鲤蠢属。虫体呈乳白色，带状不分节，头部宽，具褶皱。颤蚓是其中间寄主。

【流行特点】 主要感染建鲤、镜鲤、框鲤等，自幼鱼到成鱼都可感染。在我国鲤养殖区均有发现，大量寄生的病例不多。主要流行于 4~8 月。

【临床症状和剖检病变】 少量寄生时无明显症状，偶尔可见漂浮在水面的粪便增多（图 8-31）。严重感染时，病鱼体色发暗、变浅，虫体大量聚集在肠道导致肠道堵塞、发炎，肠壁变薄、发炎（图 8-32 和图 8-33），病鱼在越冬期逐渐死亡。

【诊断】 打开鲤前肠观察到鲤蠢绦虫虫体即可确诊。

【防治措施】 同九江头槽绦虫病。

图 8-30　寄生于鲤肠道里的鲤蠢绦虫

图 8-31　水面上有粪便漂浮

图 8-32　鲤蠢绦虫寄生导致病鱼肠壁变薄

图 8-33　鲤蠢绦虫寄生后引起鲤肠壁发炎

## 八、罗非鱼头槽绦虫病

【病原】病原为头槽绦虫（图 8-34 和图 8-35），寄生于罗非鱼肠道。

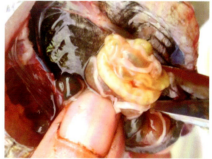

图 8-34　寄生于罗非鱼消化道及腹腔的头槽绦虫

【流行特点】主要发生在育苗期或标苗期，成鱼发病概率较小。

【临床症状和剖检病变】被感染的鱼离群独游、体色暗淡无光泽、身体消瘦，肛门红肿外突。解剖可见腹腔积水，肠道粗大、内有数量不等的白色虫体。头槽绦虫寄生在鱼的肠道造成肠道堵塞，摄食减少，影响鱼的正常生理机能，最终导致鱼发病死亡。

【诊断】打开罗非鱼腹腔及肠道，看到头槽绦虫即可确诊。

图 8-35　寄生于罗非鱼肠道的头槽绦虫

【防治措施】同九江头槽绦虫病。

## 九、普洛宁碘泡虫病

【病原】病原为普洛宁碘泡虫（图 8-36），寄生于鲫腹腔。

【流行特点】主要感染鲫鱼苗、鱼种，全年都有流行，呈散在性发生。

【临床症状和剖检病变】被感染的病鱼无明显症状，偶见体色发黑、鳍条发黑的情况。打开鱼的腹腔，可见内脏团中有一个白色、椭圆形的包囊（图 8-37 和图 8-38）。

刘新华　摄　　　　　　10微米

图 8-36　普洛宁碘泡虫显微图　　　　　图 8-37　普洛宁碘泡虫形成的包囊

图 8-38　感染普洛宁碘泡虫的鲫腹腔中的白色包囊

【诊断】根据流行特点、症状可初步诊断。镜检腹腔内白色包囊看到普洛宁碘泡虫虫体后可确诊。

【防治措施】同喉孢子虫病。

## 十、饼型碘泡虫病

【病原】病原为饼型碘泡虫（图 8-39），寄生于草鱼的肠道外壁。

【流行特点】主要危害草鱼等，750 克以上草鱼较为常见，发病高峰期为 4~10 月，发病快，死亡率高。

【临床症状和剖检病变】少量寄生时无明显症状（图 8-40）。大量寄生后导致病鱼体色发黑，腹部膨大，不摄食，解剖可见前肠粗大，肠管呈白色糜烂状。

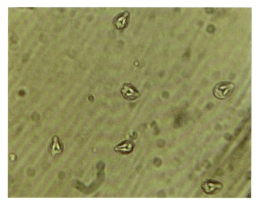

图 8-39　饼型碘泡虫显微图

图 8-40　感染饼型碘泡虫的草鱼外观无明显异常

【诊断】根据流行特点、肠道外壁的白色包囊（图 8-41）及包囊镜检结果可以确诊。

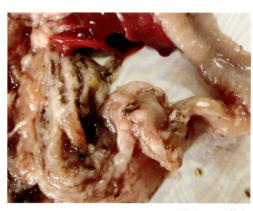

图 8-41　草鱼肠壁的白色包囊

【防治措施】同喉孢子虫病。

【注意事项】①少量寄生时危害不大，可不做处理。②盐酸氯苯胍对于草鱼毒性极大，按正常推荐剂量使用可导致草鱼中毒死亡。

## 十一、肠袋虫病

【病原】病原主要为鲩肠袋虫和多泡肠袋虫（图 8-42 和图 8-43）。当鱼体健康时，肠袋虫基本没有危害，甚至可以通过不停地运动促进食物的消化，一旦鱼类患肠炎后，肠袋虫会加重肠炎的发生程度，增加治疗难度。

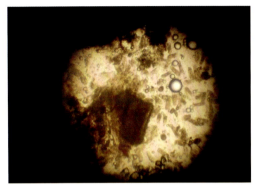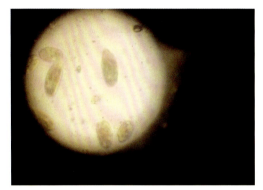

图 8-42　寄生于草鱼后肠粪便的肠袋虫形态图　　　　图 8-43　肠袋虫显微图

【流行特点】　草鱼幼鱼及成鱼都可感染，一般寄生于草鱼的后肠粪便中，全国各地都有发现，一年四季均可流行，但以夏、秋季最为普遍。

【临床症状和剖检病变】　被感染的小草鱼体色发黑，体形消瘦，解剖可见肠道充血，其他无明显症状。

【诊断】　镜检草鱼后肠粪便（图 8-44 和视频 8-2），看到卵圆形、后端窄的活跃运动虫体即可确诊。

图 8-44　鱼体检查时还应对后肠粪便进行镜检

视频 8-2

肠袋虫病：草鱼后肠粪便中活泼运动的肠袋虫

【预防】　①养殖结束后彻底清塘。②构建标准化的巡塘和鱼体检查规范，定期检查肠道粪便。③构建水质检测规范和调节规范，保持水质优良。

【临床用药指南】

1）外用：90% 晶体敌百虫全池泼洒，剂量为每升水体 0.7~1 毫克，每天 1 次，连用 2 天。

2）内服：①敌百虫内服，剂量为每包 40 千克的饲料 125~150 克拌服，每天 1 次，连喂 3~5天。②吡喹酮内服，剂量为每千克鱼体重 50 毫克，每天 1 次，连喂 5~7 天。

【注意事项】　鱼体健康时，肠袋虫对鱼并无影响，可不作处理。一旦发生肠炎后，肠袋虫可加剧肠炎的发生，加大肠炎的治疗难度，在治疗肠炎前应先对肠袋虫进行处理。

## 十二、肠道吸虫病

【病原】 病原为吸虫（图8-45和图8-46）的一些种类。

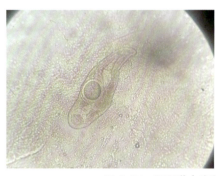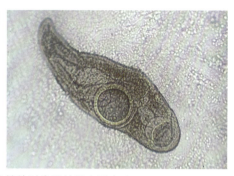

图8-45 鲤肠道内容物镜检时发现的吸虫形态1

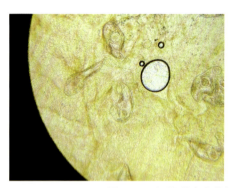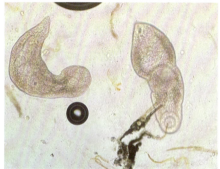

图8-46 鲤肠道内容物镜检时发现的吸虫形态2

【流行特点】 主要发生于9~11月，多种淡水鱼如草鱼、鲤等的鱼种和成鱼的后肠粪便中均有检出。

【临床症状和剖检病变】 感染的鱼外观无明显变化（图8-47），摄食、生长也无太大影响。主要的危害是鱼发生肠炎后，该虫可以加剧肠炎的发生，增加肠炎治疗的难度。

【诊断】 根据流行特点、症状及肠道内容物镜检结果可以确诊。

【预防】 ①养殖结束后，每亩用250~300千克的生石灰带水清塘，杀灭寄生虫幼虫和中间寄主。②定期对鱼体进行消化道检查，发现虫体及时处理。

图8-47 病鲤外观无明显变化

【临床用药指南】

1）外用：渔用敌百虫全池泼洒，剂量为每升水体0.7~1毫克，每天1次，连用2次，中间间隔1天。

2）内服：①渔用敌百虫内服，剂量为每包40千克的饲料125~150克。②盐酸左旋咪唑内服，剂量为每千克鱼体重4~8毫克，每天1次，连喂5~7天。

## 十三、棘头虫病

【病原】 病原为棘头虫（图 8-48 和图 8-49，视频 8-3）。

【流行特点】 主要感染黄鳝、鲶、黄颡鱼等，幼鱼及成鱼都可感染，没有特定的感染季节，一年四季都可感染，黄鳝感染率可达 50% 以上。

视频 8-3

棘头虫病：棘头虫头部可伸缩

图 8-48　棘头虫头部及倒钩

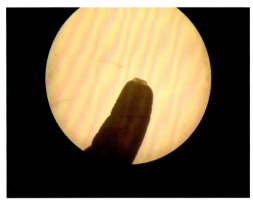

图 8-49　棘头虫头部可缩进体内

【临床症状和剖检病变】 该虫寄生于黄鳝、大口鲶、黄颡鱼等的胃和前肠（图 8-50~图 8-52），可导致病鱼摄食减少、鱼体消瘦，生长缓慢，严重时可诱发肠炎，引起鱼的死亡。

【诊断】 根据流行特点、症状及肠道解剖可以确诊。

【防治措施】 同肠道吸虫病。

图 8-50　寄生于黄鳝肠道的棘头虫

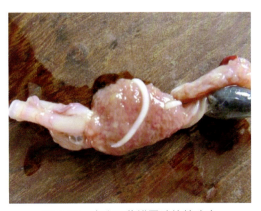

图 8-51　寄生于黄鳝胃壁的棘头虫

图 8-52　寄生于肠壁的棘头虫

### 十四、毛细线虫病

【病原】 病原为毛细线虫。

【流行特点】 一年四季都可发生，夏初为流行高峰，可以危害草鱼、白鲢、花鲢、黄鳝等多种淡水鱼的鱼苗。

【临床症状和剖检病变】 被感染的鱼体形消瘦，体色变浅，活力减弱（图 8-53）。打开腹腔可见肠道萎缩或充血，镜检肠道及内容物可见数量不等的细长虫体（图 8-54 和图 8-55）寄生其中。若处理不及时，可引起草鱼苗大量死亡。

刘燕基　摄

图 8-53　毛细线虫大量寄生后的草鱼苗外观消瘦

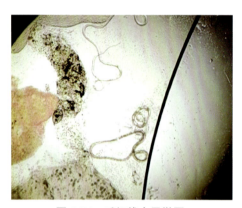

图 8-54　毛细线虫显微图

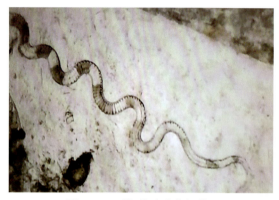

图 8-55　毛细线虫虫体细节

【诊断】 结合鱼的外观、肠道外观及镜检发现毛细线虫（图 8-56 和视频 8-4）即可确诊。

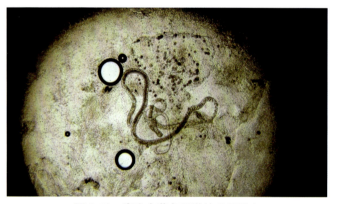

图 8-56　寄生在草鱼肠道的毛细线虫

视频 8-4

毛细线虫病：毛细线虫虫体细长，可运动

【预防】 同嗜子宫线虫病。

【临床用药指南】

1）外用：晴天上午，渔用敌百虫兑水后全池泼洒，剂量为每升水体 0.7 毫克，每天 1 次，连用 2 天。

2）内服：①阿苯达唑拌料内服，剂量为每千克鱼体重 40 毫克，每天 2 次，连喂 3 天。②盐酸左旋咪唑拌料内服，剂量为每千克鱼体重 4~8 毫克，每天 1~2 次，连喂 3 天。③渔用敌百虫化水滤去残渣后拌料内服，每 40 千克饲料用 125~150 克，每天 1 次，连喂 5 天。内服驱虫药物后，还需内服如磺胺等抗生素，以促进寄生部位的伤口恢复。

### 十五、胃瘤线虫病

【病原】 病原为胃瘤线虫（图 8-57）。

【流行特点】 一年四季都可发生，春末夏初为流行高峰，主要危害 2 龄以上的黄鳝，感染比例较高。

【临床症状和剖检病变】 病鳝食欲减退，体色暗淡失去光泽，肛门红肿。解剖可见病鳝肠道外周及肠系膜上有数量不等的近圆形包囊（图 8-58 和图 8-59），虫体蜷曲于包囊内（图 8-60），挑开包囊，可见红色、细长的可运动虫体，虫体一端白色、一端红色（图 8-61），中间部位形似嗜子宫线虫，严重时可造成肠壁穿孔甚至导致病鳝死亡。

图 8-57　胃瘤线虫外观图

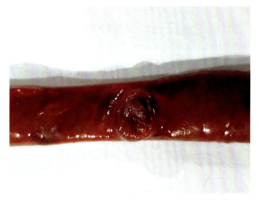

图 8-58　胃瘤线虫寄生在黄鳝肠道外壁形成的圆形包囊

图 8-59　胃瘤线虫大量寄生形成的包囊

图 8-60　虫体蜷曲于包囊内

图 8-61　胃瘤线虫一端红色

【诊断】 在黄鳝肠壁发现包囊及胃瘤线虫虫体可确诊。

【预防】 同嗜子宫线虫病。

【临床用药指南】

1）外用：晴天上午，渔用敌百虫兑水后全池泼洒，剂量为每升水体 0.7 毫克，每天 1 次，连用 2 天。

2）内服：①阿苯达唑拌料内服，剂量为每千克鱼体重 40 毫克，每天 2 次，连喂 3 天。②盐酸左旋咪唑拌料内服，剂量为每千克鱼体重 4~8 毫克，每天 1~2 次，连喂 3 天。内服驱虫药物后，还需内服如磺胺等抗生素，以促进寄生部位的伤口恢复。

## 十六、套肠病

【病原及病因】 本病是对斑点叉尾鮰危害较大的疾病之一，病原为嗜麦芽寡养单胞菌，为革兰氏阴性菌。有时气单胞菌属的有些菌株感染后也可引起斑点叉尾鮰出现肠道套叠的情况，另外水温的剧烈波动等强应激也可诱发套肠病的发生。

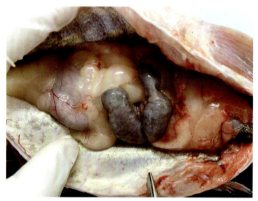

图 8-62 低温期过量投喂是套肠病形成的重要诱因

【流行特点】 主要流行于春末夏初，每年 3 月下旬开始发病，以 3~5 月为发病高峰期，通常发生在过量投喂后（图 8-62），可感染各个生长阶段的斑点叉尾鮰，发病急，死亡快，2~3 天发病率可达 90%，死亡率也可达 90% 以上，危害较大。

【临床症状和剖检病变】 病鱼食欲减退或消失，离群独游于池塘下风处。濒死鱼头部朝上，尾巴朝下，悬挂于水体中（此症状与斑点叉尾鮰病毒病相似）；病鱼鳍条基部（图 8-63）、下颌、腹部充血或出血。随着病情的发展，鱼体体侧出现不规则的褪色斑（图 8-64）。外观可见病鱼腹部膨大，肛门红肿充血、外突，严重时出现脱肛的情况（图 8-65）。打开腹腔，可见腔内充满浅黄色或红色的腹水，胃壁出血、胃内充满带血内容物（图 8-66），胃肠内无食物，肠道内有脓液，后肠出现数个肠套叠（图 8-67~ 图 8-69），部分鱼有前肠缩进胃内的情况。肝胰脏颜色变浅、出血，有时可见鱼鳔、脂肪充血或出血（图 8-70）。

图 8-63 患病斑点叉尾鮰鳍条基部出血

【诊断】 根据流行特点及肠套叠的典型症状可做出初步判断。

【预防】 ①养殖结束后彻底清塘，充分晒塘，杀灭池塘中的病原。②斑点叉尾鮰为有胃鱼类，水温较低时消化效率低，切勿过量投喂，否则因消化不良诱发胃肠炎，导致肠道痉挛后形成肠套叠。

图 8-64 患病红鮰体表出现褪色斑

图 8-65 患病斑点叉尾鮰脱肛

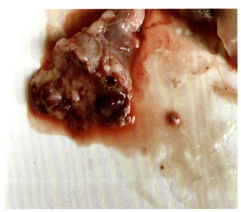

图 8-66 患病斑点叉尾鮰胃壁出血、胃内
充满带血内容物

图 8-67 患病斑点叉尾鮰肠道套叠

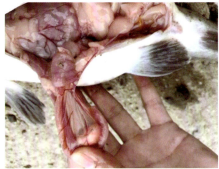

图 8-68 患病斑点叉尾鮰肠道套叠严重

【临床用药指南】

1) 外用：一旦发生本病，使用优质碘制剂全池泼洒，含量 2% 的复合碘溶液 500 毫升泼洒 3 亩，隔天再用 1 次。

2) 内服：先停料 7~10 天，然后使用氟苯尼考加强力霉素拌料投喂，每天 1 次，剂量为每千克鱼使用氟苯尼考 10~20 毫克、强力霉素 30~50 毫克，连喂 5~7 天。

图 8-69　患病鳜肠道套叠

图 8-70　患病斑点叉尾鮰肝胰脏、胃、脂肪出血

【注意事项】①本病是斑点叉尾鮰养殖过程中的常见烈性传染病，发病快，死亡率高，治疗效果不确切，做好预防工作非常重要。②鱼类消化效率受水温影响大，低温期需控制投喂量。斑点叉尾鮰投喂初期的投饵率控制在 0.1%~0.2%，3~4 天投喂 1 次。③套肠病发生后应立即停料 7~10 天，对疾病的恢复有好处。

# 第九章　血液异常对应疾病的鉴别诊断与防治

## 第一节　诊断思路

血液检查异常的诊断思路见表 9-1。

表 9-1　血液检查异常的诊断思路

| 检查部位 | 检查的重点内容 | 主要症状 | 初步诊断的结果 |
|---|---|---|---|
| 血液 | 血液状态 | 血液不凝固 | 氨氮中毒（详见第二章） |
| | 血液镜检 | 血液中有活泼运动的细长虫体 | 锥体虫病 |

## 第二节　常见疾病的鉴别诊断与防治

### 锥体虫病

【病原】病原为锥体虫（图 9-1），寄生于血液中。

【流行特点】本病在我国主要水产养殖集中区均有发现，全年均可感染并引起发病，总体发病率较低，呈散在性出现，有些地区如广东佛山、顺德等地发病率高，主要流行于 6~8 月，可感染如加州鲈（图 9-2）、鲤、黄鳝等多种淡水鱼类，福建、浙江海水网箱养殖的大黄鱼（图 9-3）发病也日趋严重，已经引起相当大的危害。

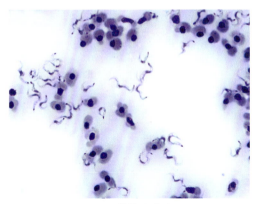

图 9-1　锥体虫寄生图

图 9-2 感染锥体虫的加州鲈鳃丝颜色变浅

图 9-3 感染锥体虫的大黄鱼体侧有明显的溃疡灶

【临床症状及剖检病变】 少量感染时无明显症状；严重感染时可见鱼体消瘦，活力减弱，呈昏睡状浮于水面，被感染的大黄鱼体侧出现面积较大的溃疡灶，进而引起死亡。

【诊断】 取适量血液制作血涂片镜检，看到大量活泼运动的细长虫体（图 9-4 和图 9-5，视频 9-1）即可确诊。

【预防】 锥体虫病尚无明确有效的治疗方法，构建标准化的鱼病预防体系，防止本病的发生非常关键，发过病的池塘的养殖工具彻底消毒，对苗种进行检疫，降低养殖密度，易发季节在投饵区通过苦楝等挂袋。

视频 9-1

锥体虫病：寄生在加州鲈血液中的锥体虫，虫体可快速运动

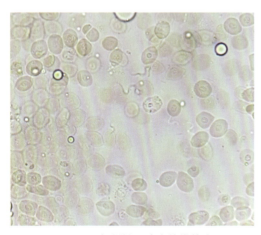

图 9-4 加州鲈血液中的锥体虫

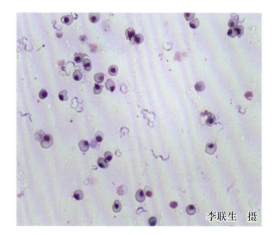

图 9-5 血液中寄生的锥体虫

# 第十章　由水质恶化、藻类水华及非病原因素引起的疾病

## 一、浮游动物过多

【病因】因浮游动物（轮虫、枝角类、桡足类等）异常增殖导致的池塘缺氧，引起养殖鱼类浮头甚至泛塘（图10-1~图10-3）。

图10-1　浮游动物过多导致鲫缺氧死亡

图10-2　浮游动物过多导致斑点叉尾鮰泛塘

【流行特点】多发生鸡粪等粪肥使用频繁的池塘，也易发生在花鲢投放较少的池塘，春末、秋初最易发生。

【主要危害】清晨可见水色呈局部白色或红色团雾状（图10-4和图10-5，视频10-1），池塘四周散游着大量缺氧的鱼类，在池边用白色容器舀水仔细观察可见大量活泼运动的白色或粉红色点状虫体（图10-6），池塘水质清瘦。

图10-3　浮游动物大量增殖导致鱼缺氧、浮头

图10-4　浮游动物大量增殖后形成白色团雾状的水色

图 10-5　浮游动物大量增殖后形成局部团雾状水色

图 10-6　浮游动物大量增殖后肉眼可见水中的
　　　　　白色点状虫体

【诊断】　结合鱼类状况，清晨在池边用白色的容器盛适量池水，观察到大量活泼运动的虫体即可确诊。

【预防】　①科学施肥，不用未经发酵的粪肥。②池塘套养适量的花鲢可以有效控制浮游动物数量。

【临床用药指南】　发现浮游动物大量增殖时，可在清晨用敌百虫沿池边泼洒（药液洒在离岸 1.5 米远处），剂量为每升水体 1 毫克，每天 1 次，连用 3 天（有鱼浮头时不能使用）。

🎥 视频 10-1

浮游动物过多：浮游动物大量生长以后水色发白，水体中有大量运动的白点

## 二、杂鱼过多

【病因】　因清塘不彻底或者进水时过滤不完全导致大量野杂鱼类（鱼卵）进入池塘，跟主养鱼类抢夺饲料，争夺氧气，导致主养鱼类生长缓慢，饵料系数偏高。

【流行特点】　发生在清塘不彻底或者进水时未过滤的池塘。

【主要危害】　投饵时，投饵台前快速聚集大量的野杂鱼（图 10-7 和图 10-8），抢夺饲料、溶解氧及空间，导致投饵区溶解氧不足，主养鱼类摄食不佳，鱼体消瘦，生长缓慢。整个池塘饵料系数严重偏高，容易发生缺氧及泛塘等事故。

图 10-7　投饵台前聚集的大量野杂鱼类抢食饲料

图 10-8　养殖池塘大量繁殖的餐条

【诊断】　投饵时看到大量的野杂鱼类抢食饲料即可确诊。

【防治措施】　①养殖结束后使用清塘剂、茶籽饼或者生石灰彻底清塘，杀灭野杂鱼。②进水时严格遵守操作规程，设置过滤网（图 10-9），避免野杂鱼苗或鱼卵随水进入池塘。

③一旦发现野杂鱼大量生长，可在投饵台周围用小型刺网多次捕捞，可逐渐减少野杂鱼的数量。④每亩套养 8~10 尾鳜或者加州鲈等肉食性鱼类，可控制池中野杂鱼类数量，提高经济效益。

图 10-9　进水时应用绢网过滤

### 三、pH 过高引起的鱼异常跳跃

【病因】　光合作用旺盛的池塘或盐碱地池塘下午 pH 达到极值后引起的鱼的不适症。

【流行特点】　主要发生于 4~5 月，盐碱地池塘及水质较肥、光照强烈的浅水池塘最易发生。

【主要危害】　发病池塘上午鱼的活动、摄食正常，下午尤其是 15:00 后出现鱼狂游、跳跃（图 10-10~ 图 10-12）、不摄食等情况。撒网查看可见鱼体表黏液增多。严重时可引起鱼类大量死亡（图 10-13）。

图 10-10　pH 过高的池塘鱼在水面狂游

图 10-11　pH 过高的池塘鱼在池中跳跃

图 10-12　pH 过高的池塘草鱼在水面狂游

图 10-13　pH 过高的池塘白鲢在水面狂游、跳跃并导致死亡

【诊断】　根据症状，结合 pH 的检测结果可以确诊。

【预防】　①适当加深水位，科学合理施肥，将池水肥度控制在一定的范围内可防止本病的发生。②易发季节经常使用发酵饲料或者乳酸菌、EM 菌等泼洒，通过持续产生乳酸可防止 pH 长期偏高。

【临床用药指南】一旦发生本病，全池泼洒有机酸如柠檬酸等降解碱度，短期内可恢复正常。

### 四、产卵不遂

【病因】亲鱼因营养不良等原因排卵不畅导致的死亡。

【流行特点】主要发生在投喂较少或饲料质量较差的亲鱼培育池，冲水等繁殖管理缺失的池塘也易发生。

【主要危害】亲鱼腹部朝上浮于水面，时而急游，时而静卧，不久即死。观察亲鱼，可见腹部膨大（图 10-14~ 图 10-16），泄殖孔红肿，部分鱼泄殖孔被吸水膨大的卵粒堵塞而引起死亡。解剖病鱼可见卵粒发育完全，泄殖孔处卵粒膨大（图 10-17）。

图 10-14　产卵不遂的加州鲈腹部膨大，
泄殖孔红肿

图 10-15　产卵不遂的乌鳢腹部膨大

图 10-16　产卵不遂的自产鲫腹部膨大

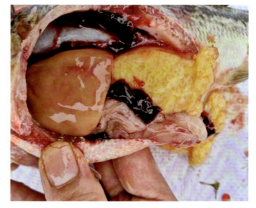

图 10-17　产卵不遂的加州鲈卵粒发育完全，
泄殖孔处卵粒吸水膨大

【诊断】根据症状，结合亲鱼培育情况、投喂情况可以确诊。

【防治措施】①强化亲鱼培育，投喂亲鱼专用配合饲料。②繁殖季节到来前坚持拌服维生素 E。③产卵前每天冲水，刺激性腺发育。

## 五、鸟害

【病因】 鸥鸟捕食鱼苗、抢食饲料、传播病原，对水产养殖有很大的危害，常见的有白鹭、苍鹭、海鸥、野鸭等。

【流行特点】 全年都可发生，不同季节鸥鸟的种类及造成的危害不同。池边有较多杂草、树木及管理不善的池塘更易发生。

【主要危害】 池边有较多杂草、树木、芦苇（图10-18）的池塘可见有较多的鸥鸟（图10-19）栖息；池塘投饵时，投饵区有大量的小型鸥鸟盘旋，抢食饲料（图10-20和视频10-2）；池塘发病后，下风处有大量个体不等的鸥鸟伫立，伺机摄食病鱼（图10-21），并通过排便引起病原传播。

视频 10-2

鸟害：投饵时，大量鸟类在投饵区聚集，抢食饲料

图 10-18　池边有芦苇易吸引鸟类

图 10-19　池塘中大量的鸥鸟

图 10-20　小型鸥鸟抢食鱼类饲料

图 10-21　大型鸥鸟捕食养殖鱼类

【诊断】 根据池边杂草、树木的数量及观察到大量鸥鸟可做出诊断。

【防治措施】 由鸥鸟造成的危害已经成为水产养殖中不可忽视的重要问题，因鸥鸟多属于保护动物，不可伤害，因此做好预防工作非常重要。①在投饵区设置防鸟网（图10-22）。②在投饵区设置驱鸟假人（图10-23）。③加强养殖管理，投饵时应观察投饵区情况，有大量鸥鸟出现时也可通过放鞭炮等方式对其驱赶。④清除池边的杂草、树木等，减少鸥鸟的栖息场所，可减少鸥鸟的危害。⑤鸥鸟是保护动物，切不可伤害鸥鸟，否则可能涉及法律责任。

图 10-22 池边设置的防鸟网

图 10-23 投饵区设置的驱鸟假人

## 六、蓝藻水华

【病因】 由蓝藻大量生长引起的不良水华。

【流行特点】 常发生于投喂过多、淤泥较厚的富营养化池塘，高温季节更易发生，蓝藻大量生长后，导致池塘 pH 异常偏高。

【主要危害】 有少量蓝藻生长时，对水质影响不大，反而可以保持水质的稳定，产氧能力也较强。

蓝藻大量生长后，为争夺阳光，聚集在水体表层，可造成水体的分层（溶解氧的分层、水温的分层）（图 10-24 和图 10-25，视频 10-3），引起底部缺氧；死亡的蓝藻被分解时大量消耗溶解氧（图 10-26），产生大量藻毒素，导致养殖水生动物缺氧、中毒死亡（图 10-27）。

【诊断】 根据水色，镜检水中藻类（图 10-28）可确诊。

【预防】 ①科学投喂，避免残饵等的沉积；科学施肥，有条件时可以测肥施肥。②关注水质变化，经常使用微生态制剂尤其分解型的有益菌调节水质，可抑制蓝藻暴发。

🎥 视频 10-3

蓝藻水华：蓝藻水华的水色，下风处有大量藻类聚集

图 10-24　蓝藻形成水华后在水体表面争夺阳光

图 10-25　蓝藻形成水华后在水体表面争夺阳光，导致水体分层

图 10-26　漂浮在池塘下风处的死亡蓝藻

图 10-27　蓝藻死亡后产生的藻毒素引起鱼类死亡

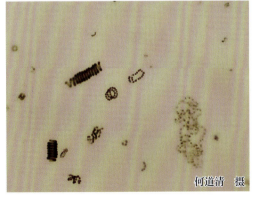

何道清　摄

图 10-28　蓝藻水华镜检图

【临床用药指南】①蓝藻暴发以后，在池塘下风处（按池塘面积的 1/4~1/3 处）使用氯制剂（或者苯扎溴铵或者硫酸铜）局部高浓度泼洒，每天 1 次，连用 3 天，3 天后使用有机酸 1 次，然后使用分解型有益菌分解死亡藻类。②已经发生蓝藻的池塘，在下风处用芽孢杆菌挂袋，对抑制蓝藻的进一步暴发有作用。

【注意事项】①少量蓝藻对养殖影响不大，可不做处理。②蓝藻死亡后释放藻毒素，可直接引起养殖水生动物中毒死亡。因此应避免全池泼洒药物杀灭蓝藻，避免其短期内大量死亡。

## 七、角藻水华

【病因】 因角藻的一些种类大量生长引起的不良水华。

【流行特点】 角藻喜高温、高 pH、高光照及静水的环境，夏季盐碱水体中常大量繁殖，易形成红褐色水华，对养殖水生动物造成严重危害。其游动能力极强，可以抢夺其他藻类的营养和光照，因此生长繁殖速度比其他藻类快。

【主要危害】 角藻成优势种群后，水体局部或全部变成红色或黄色（图 10-29~ 图 10-31），水质不稳定。其白天可产生丰富的溶解氧，但夜间耗氧严重，常在凌晨引起养殖水生动物缺氧甚至浮头。

图 10-29　角藻水华呈现的红褐色水色

图 10-30　角藻大量聚集在水体表层形成的水华

图 10-31　角藻水华形成的红色水色

【诊断】 根据水色，镜检水中藻类（图 10-32 和视频 10-4）可确诊。

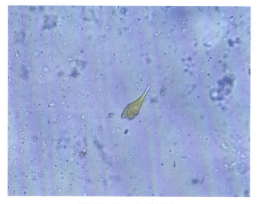
图 10-32　角藻形态

视频 10-4
角藻水华：角藻可运动，水体易缺氧

【预防】 ①科学投喂，避免残饵等的沉积；科学施肥，有条件时测肥施肥。②关注水质变化，经常使用微生态制剂调节水质。

【临床用药指南】角藻大量生长后，可在池塘下风处使用硫酸铜（氯制剂或者苯扎溴铵）泼洒，每天1次，连用3天，3天后泼洒解毒剂1次，第2天用分解型有益菌全池泼洒。

## 八、三毛金藻水华

【病因】因三毛金藻及小三毛金藻（图10-33和图10-34）大量生长引起的不良水华。

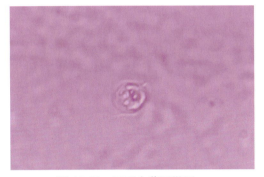

图 10-33　三毛金藻显微图

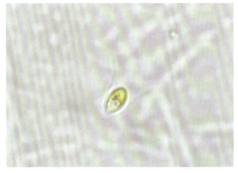

图 10-34　三毛金藻外观及其鞭毛

【流行特点】三毛金藻在低盐度水体生长较高盐度水体快；在气温 –2℃ 时仍可生长并产生危害。大量繁殖后分泌的细胞毒素等可使鱼类和水生动物中毒死亡（图10-35）。养殖鱼类中白鲢、花鲢最为敏感，其次是草鱼、鲂、鲤、鲫、梭鱼等。

【主要危害】发病池塘水色发黄（图10-36），病鱼头朝岸边，整齐排列在池塘四周和浅水处（图10-37和视频10-5），受到惊扰无反应。没有浮头及吞咽空气的现象。中毒初期，病鱼焦躁不安，呼吸频率加快，游动急促。随着中毒的加深，鱼体逐渐僵直，失去运动能力，触之无反应，鳃盖、眼眶周围、下颌和体表充血（图10-38）。

图 10-35　三毛金藻中毒引起死亡的草鱼外观

图 10-36　三毛金藻水华的水色发黄

图 10-37　三毛金藻中毒的草鱼在浅水处漫游

📹 视频 10-5

三毛金藻水华：三毛金藻大量生长后导致花鲢中毒，无力，漂浮于岸边

图 10-38　三毛金藻中毒的花鲢外观

【诊断】 根据水体颜色、鱼体活动和痉挛等症状可做出诊断。

【预防】 ①冬季定期施铵肥，使总氨保持在每升水体 0.25~1 毫克，可较好地预防三毛金藻暴发。②入冬前调肥水质。

【临床用药指南】 ①发病池塘全池遍洒铵盐类肥料，使水中离子氨浓度达 0.06~0.1 毫克/升，可使三毛金藻膨胀解体直至全部死亡，此方案梭鱼苗慎用。②发病早期，全池遍洒黏土泥浆水吸附毒素，在 12~24 小时内中毒鱼类可恢复正常。

## 九、裸藻水华

【病因】 因裸藻（图 10-39）大量生长引起的不良水华，裸藻是水产养殖中的常见优势藻类。

【流行情况】 适宜生长温度为 20~35℃，喜生活在静止、有机质丰富的水体，形成水华后可见 3 种水色：一是绿色或蓝绿色，以蓝绿裸藻为主（图 10-40 和图 10-41）；二是红褐色，俗称"铁锈色""铁锈水"，以变形裸藻和血红裸藻（图 10-42）为主，趋光性强，晴天聚集在水面表层，形成红色或红褐色浮膜，多出现于春夏之交或夏秋之交时节；三是酱油色，是水体极度富营养化和多种裸藻大量繁殖的结果，多发生在养殖中后期和老化池塘。

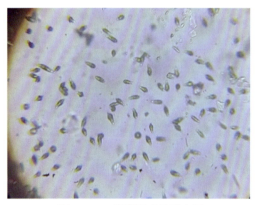

图 10-39　裸藻运动的形态图

图 10-40　蓝绿裸藻形成的水华

【主要危害】 裸藻水华初期对鱼虾无害，中期鱼虾类会出现食欲减退，生长缓慢等现象，这主要与裸藻死亡后分泌的毒素有关；后期可致使鱼虾患病，主要是裸藻大量繁殖后聚集在水

体表层，造成水体分层，底层溶解氧低下、致病菌大量繁殖继而暴发疾病。裸藻水华死亡后产生大量的有机质被分解时消耗氧气，而且分泌的毒素对鱼类有较大的毒害作用。

图 10-41　蓝绿裸藻形成的水华

图 10-42　血红裸藻水华

裸藻水华容易倒藻：裸藻虽对温度适应性强，但对温度突变很敏感，当遇到恶劣天气或环境突变时裸藻比蓝藻、绿藻更容易集中死亡而倒藻。裸藻有鞭毛，活动速度快，用药物杀灭时会迅速逃离高浓度药物区域，待药物浓度降低后又重新大量增殖，这是药物处理裸藻时效果不好的原因所在。

【预防】　①以藻抑藻，通过提前培育其他藻类来抑制裸藻的生长。②足量放养白鲢、花鲢等滤食性鱼类。③经常换水，引进多种藻种可抑制裸藻的繁殖，防止裸藻水华的发生。

【临床用药指南】　①裸藻水华发生后立即换水 1/3 以上，可有效降低裸藻的丰度。排出的水应是池塘下风处的表层水。②泼洒腐殖酸钠、沸石粉等可降低裸藻丰度，减缓其繁殖。③晴天下午，在池塘下风处（下风 1/3 的区域）用强氯精或硫酸铜泼洒杀灭裸藻，降低其丰度。

## 十、青苔大量生长

【病因】　因青苔（图 10-43~ 图 10-45）大量生长后对鱼苗及鱼种造成了危害。

【流行情况】　青苔主要发生在春季，浅水池塘尤其进水后未及时肥水、透明度大、阳光可直射到底部的池塘最易发生。生长初期附着在池底，颜色呈深绿色；大量生长后呈网状附着于池底或漂浮于水中；生长后期呈棉絮状漂浮水面，颜色呈黄绿色。

【主要危害】　青苔大量生长后吸收水体中的营养盐，藻类因缺乏营养生长缓慢，表现为池水清瘦、透明度大。一方面导致花鲢、白鲢等滤食性鱼类生长缓慢，另外鱼苗、蟹苗被青苔网住后造成死亡。

图 10-43　春季长在水花生上的青苔

图 10-44　河蟹池塘刚刚进水后生长的青苔

图 10-45　河蟹池塘大量生长青苔

【预防】①彻底清塘，杀灭淤泥中的青苔孢子。②新塘进水后及时施肥，培肥水质，使阳光不能照射到池底。

【临床用药指南】①少量青苔生长时，全池泼洒腐殖酸钠降低池水透明度，可抑制青苔进一步生长。②青苔局部大量生长后，可人工捞除。③青苔大量生长后，可在聚集处大量泼洒硫酸铜、氯制剂或者腐殖酸钠进行处理，待其死亡后全池泼洒芽孢杆菌分解死亡青苔。

【注意事项】①阳光是青苔生长的必要条件，通过施肥、遮光等方法调控光照可预防青苔的生长。②少量青苔生长时施肥存在促进青苔生长的可能，最好先对青苔处理后再施肥。

## 十一、水色白浊（混浊）

以下情况可导致水色白浊（图 10-46）。

1）泥浆水：表现为水色整体混浊，泥沙含量高，是泥沙在外力的作用下悬浮于水体而呈现出的颜色，其产生有以下可能：

① 寄生虫感染：鱼类被寄生虫感染尤其是甲壳类寄生虫（图 10-47）感染后，池鱼出现焦躁不安、狂游、乱窜等现象，导致池底泥沙上浮，水色混浊。

图 10-46　白浊的水色

图 10-47　鱼类寄生锚头蚤后在水中狂游引起水色混浊

处理措施：确定寄生虫种类，根据寄生虫的分类进行杀灭。寄生虫处理后，水色可自行恢复。

② 投喂不足：投喂不足可导致"跑马病""萎瘪病"（图10-48）、"畸形"等疾病，投喂不足时养殖水生动物沿池边狂游寻找食物，可导致泥沙上浮，水色混浊。

处理措施：根据存塘量、水温、溶解氧等灵活调整投饵率，足量投喂，鱼饱食后此水色即可消失。

③ 鲤引起：主养鲤的池塘、清塘不彻底或进水导致鲤大量繁殖的池塘，因鲤有挖泥的习性，水色往往也会混浊。

图10-48 患"萎瘪病"的花鲢

处理措施：彻底清塘，清除鲤及野杂鱼，防止鲤大量繁殖；适当增加投喂量，鲤饱食后此水色可缓解。

④ 雨水带入：池塘水位低，暴雨时外源水会持续汇入池塘，一方面大量的雨水快速进入池塘后水体对流，池底有机质上翻，引起水色混浊（图10-49）；另外汇入的雨水夹杂的泥沙也会导致水色混浊。

处理措施：池梗水泥护坡（图10-50），可防止外源泥沙水进入。使用絮凝剂、吸附剂沉降泥沙，使水色变清。但是需要注意的是，藻类等可同时被絮凝，水色变清后需要肥水。

2）浮游动物过多：浮游动物（图10-51）大量生长后，水色呈现局部团雾状发白。可在清晨太阳出来前，用白色的容器舀池边的水观察是否有大量活泼运动的虫体而确定。

图10-49 雨后水色混浊

图10-50 水泥护坡可减少雨水冲刷池梗携带泥沙进入水体

图10-51 水体中的浮游动物

处理措施：浮游动物是花鲢优质的饵料，一定的丰度才能满足花鲢生长的需要。通过投放适量的花鲢（每亩80~100尾）可很好地控制浮游动物的数量。一旦浮游动物大量生长后，可在清晨沿池边（离岸 1.5 米处）一圈喷洒敌百虫溶液，每天 1 次，连用 3 天，此法可较好地控制浮游动物的数量（虾蟹养殖池塘不可用，鱼浮头时不可用）。

3）水体缺碳：碳是藻类生长必需的营养元素。养殖中后期由于光照强、水温高，藻类生长、繁殖迅速，光合作用旺盛，池塘中的碳消耗极大。在水体缺碳后，会呈现出水色白浊的情况。

处理措施：养殖中后期天气晴好、光合作用旺盛时应重点补充碳元素，主要通过红糖、糖蜜等碳源进行补充。

4）增氧机使用不当：增氧机使用不当主要是架设在浅滩（图 10-52）、功率过大，都可以导致增氧时底泥上翻，导致水色白浊。

处理措施：根据池塘面积、水深选择合适的增氧机，主要是增氧机的功率应与池塘条件相匹配。另外增氧机应架设在较深的地方，若池底为平滩，可在增氧机处人为挖深。

图 10-52　增氧机架设在浅滩时导致的底泥上翻

## 十二、浓绿水

浓绿水（图 10-53）主要是指水体中藻类数量多，肥度好，一般危害不大，但是在水位较浅、没有外源水持续进入的池塘中可能会出现一些问题，主要是水位浅的池塘在高温季节水温高，氧气溶解率下降后可能导致气泡病；水位浅的时候各个水质指标变化大，对藻类如裸藻影响大，可能出现倒藻等情况；大量藻类在风力作用下聚集到池塘下风处（图 10-54），可能会因缺氧及缺失光照而集中死亡。

处理措施：①适量换水。通过换水降低水体中藻类的丰度及有机质的含量可防止因光合作用过于旺盛形成的气泡病。②在池塘下风处局部杀灭藻类，然后用芽孢杆菌全池泼洒，可降低藻类丰度。③补充外源水。定期补充外源水可降低水体肥度，维持水质嫩爽。④合理施肥。看水施肥、测肥施肥，避免一次大量施肥，适量减少施肥频次。⑤条件允许时加深水位，高温期加深水位至 2 米以上。

图 10-53　浓绿色水色

图 10-54　浓绿水中的藻类易聚集

## 十三、水质清瘦

水质清瘦（图 10-55）是指水体中的藻类、有机质含量低，透明度大，此种水色初级生产力低，不额外补充饲料时滤食性鱼类产量不高。主要出现在养殖密度低、投喂少、投肥少、保水性差或者新开挖的池塘中。浮游动物过多时也会表现为水质清瘦，可见水色呈现局部团雾状发白。

**图 10-55 水质清瘦的池塘，可见池底**

处理措施：①增加基肥投放量。新水进完后应施足基肥。此时施肥应以氮肥为主，辅以磷肥、复合肥等，以便快速调肥水质，促进藻类等的生长。②适当增加追肥频次。根据水色变化情况、天气情况及时补充肥料，每 7~15 天补充肥料 1 次，水色正常时以补充有机肥为主，水色不稳、缺肥严重时以无机肥为主，水色恢复后再辅以有机肥，以便维持水色稳定。③若为浮游动物过量生长引起的水质清瘦，则要对浮游动物进行杀灭。通过标准化的水质检查，发现浮游动物过量生长时，可对浮游动物进行杀灭，浮游动物丰度下降后水色可自行恢复。④漏水的池塘，在养殖结束后修整池塘，加固池梗。根据养殖过程中的具体状况对池塘进行改造，减少肥水流失。⑤新开挖的池塘施足基肥或在池塘四角堆肥，缓慢释放肥效。⑥按照四定投喂原则，结合天气、水温、溶解氧等灵活调整投饵量，不要投喂过少，否则会导致鱼生长缓慢，水质清瘦，影响产量而无法达到预期的经济效益。

## 十四、黑臭底

养殖过程中沉积了大量的残饵、粪便或者养殖水生动物因某种原因大量死亡后沉积在池底腐败而导致的底泥发黑（图 10-56）、发臭的情况，一般发生在高密度养殖池塘，尤其是养殖管理不善、投喂过多的池塘，长期不清淤的池塘也可能出现这样的问题。可在高温季节的下午沿池边巡塘，查看是否有大量夹杂着黑泥、带有臭鸡蛋气味的气泡上翻；或者用竹竿插入淤泥中，看是否有大量夹杂着黑泥、带有臭鸡蛋气味的气泡上翻来确定。

**图 10-56 沉积大量有机质的淤泥呈黑色**

主要危害：①池底致病菌大量滋生，在暴雨等强对流天气时有机质、病原短期内大量释放从而引起疾病暴发。②因池底长期缺氧导致氨氮、亚硝酸盐偏高，影响鱼类摄食、生长，导致饵料系数偏高。

处理措施：①精准投喂，根据实际情况灵活调整投饵率，减少残饵、粪便的沉积。投喂量相关的因素有苗种规格、水温、溶解氧、天气、水深及鱼体健康状态等。②投喂优质饲料，提高饲料转化、利用率，减少粪便的沉积。选择优质原料制作的饲料，提高饲料的利用率，减少代谢废物的产出。③定期清淤，3~5 年清除池底淤泥 1 次（图 10-57），维持良好的池底。在制定养殖规划时将定期清淤纳入规划。④淤泥较厚的区域设置底层微孔增氧或定期投放长效增氧颗粒，提高溶解氧可提高池底有机质的转化率，降低池底恶化带来的危害。⑤养殖中后期交替使用化学类底质改良剂和生物类底质改良剂，如过硫酸氢钾复合盐、含有丁酸梭菌或者芽孢杆菌的底质改良颗粒等，以维持良好的底质。

图 10-57　池塘清淤

## 十五、饲料浪费

【病因】　因投喂管理不当造成的饲料浪费，是养殖成本增加及水质恶化的重要原因。

【流行特点】　主要发生在鱼类生长高峰季节。饲养工责任心不强、管理者管理不当都有可能造成饲料的浪费。

【主要危害】　池塘下风处（图 10-58 和图 10-59）或池梗（图 10-60）看到大量未被摄食的饲料；保持微流水的池塘饲料可能随水流出池塘（图 10-61）。发生的池塘水质往往较浓（图 10-62），饵料系数高，养殖成本高。

图 10-58　残留在池边水草中未被摄食的饲料

图 10-59　漂浮在池塘下风处未被摄食的饲料

图 10-60 投放到池梗上被浪费的饲料

图 10-61 膨化饲料随水流出池塘

【诊断】 根据巡塘时发现大量未被摄食的饲料及投喂管理情况可以确诊。

【防治措施】 ①加强投喂管理，根据天气情况、鱼摄食情况灵活调整投饵率。②投喂时加强巡查，发现饲料浪费的情况及时改善。

## 十六、产卵导致的摄食异常

【病因】 混养池塘中某种鱼类因产卵摄食减少甚至不摄食，而同塘其他混养鱼类因摄食鱼卵同样出现摄食减少甚至不在投饵区摄食的情况。

【流行特点】 主要发生于春末夏初鱼类产卵季，草鲫混养池塘最为明显，尤其是雨后更加突出，可持续数天甚至数星期。

【主要危害】 雨后的早晨大量草鱼聚集在池边（图 10-63），呈觅食状，尤其近岸有水草或者网片的区域最为集中，驱之即散，复而再来。投饵时，投饵区几乎无鱼抢食。撒网捕鱼可见草鱼外观正常，鲫腹部明显变小，其他无明显异常。查看近岸水草及网片，可见其上有大量卵粒黏附（图 10-64 和图 10-65）。

图 10-62 饲料浪费严重的池塘水色浓

图 10-63 草鱼在浅水处摄食鲫鱼卵

【诊断】 根据天气、水温，结合鱼体检查、查看池边发现卵粒等可以确诊。

【防治措施】 通过以下措施促进鲫集中产卵：①产卵前强化投喂，包括适当改变投饵方式及提升饲料品质，促进鲫性腺发育成熟。②繁殖季节坚持用维生素 E 拌料内服 10~15 天。③产卵期每天冲水 1~2 小时，刺激性腺发育，促进同步产量。

图 10-64　网片上的鱼卵

图 10-65　青苔上的鱼卵

　　一旦发现鲫集中产卵，可停止投饵 1~2 天，然后降低投饵量至正常的 1/3 并保持 2~3 天，待鱼表现出强烈的摄食欲望时，再恢复正常投喂。

# 第十一章　多病原混合感染的临床治疗思路

疾病发生的中后期，往往存在多病原混合感染（图11-1）的情况，而在鱼病的治疗中，多病原混合感染的治疗难度是较大的。多病原混合感染往往存在以下情况。

## 一、细菌与寄生虫混合感染

### 1. 寄生虫的主要危害

1）破坏体表黏液、皮肤和鳃丝的完整，成为其他病原入侵的途径。如高温季节花鲢和白鲢细菌性败血症的暴发大多跟锚头蚤叮咬体表（图11-2）或鳍条后造成伤口，致病菌从伤口入侵继发细菌感染有关。

图 11-1　多病原混合感染的池塘

图 11-2　锚头蚤叮咬花鲢体表，引起细菌继发感染

2）形成包囊，挤压、压迫鳃丝和其他组织及脏器，导致呼吸机能下降、内脏萎缩。如瓶囊碘泡虫在鲫鳃丝寄生后形成巨大包囊（图11-3），包囊挤压、压迫鳃丝，破坏正常的鳃丝结构，引起鳃丝畸变，呼吸机能下降，鱼体生长变缓；吴李碘泡虫在异育银鲫肝胰脏寄生后形成的巨大包囊压迫内脏团（图11-4），导致多个脏器萎缩，免疫机能下降，后发生暴发性死亡。

3）刺激鳃丝分泌大量黏液（图11-5），鳃丝外表包裹厚厚的黏液层，降低了鳃丝与水体的气体交换，从而降低了呼吸机能，引起生理性缺氧。如鳜鳃丝大量寄生锚首虫后黏液异常分泌（图11-6），呼吸机能下降，摄食变差，引起生理性缺氧，并在低溶解氧胁迫下诱发传染性脾肾坏死病（鳜虹彩病毒病）。

图 11-3　瓶囊碘泡虫在鲫鳃丝形成的包囊

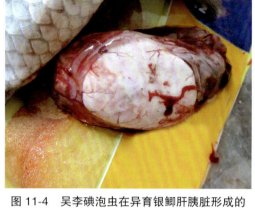

图 11-4　吴李碘泡虫在异育银鲫肝胰脏形成的巨大包囊

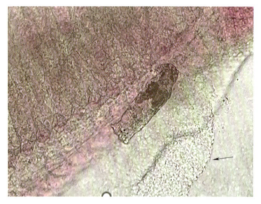

图 11-5　指环虫寄生处黏液大量分泌

图 11-6　锚首虫寄生在鳜鳃丝引起黏液异常分泌

4）寄生在血液中（图 11-7），引起患病鱼昏睡的症状。如锥体虫寄生于鲤血液中引起鲤呈昏睡状（图 11-8）。

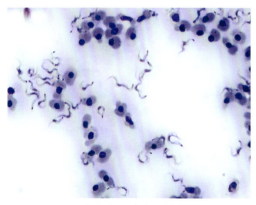

图 11-7　加州鲈血液中锥体虫显微图

图 11-8　寄生椎体虫的鲤呈昏睡状

5）分泌毒素或持续破坏皮肤，引起病鱼焦躁不安，游动异常。如中华鳋寄生于草鱼鳃丝（图 11-9 和图 11-10）引起草鱼尾鳍上翘，不摄食，鳃丝尤其是鳃丝末端继发细菌感染后外观发白、溃烂。

图 11-9　中华蚤在草鱼鳃丝末端寄生图

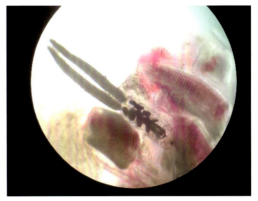

图 11-10　中华蚤寄生于草鱼鳃丝末端显微图

6）寄生于咽喉并形成巨大包囊，导致食管堵塞，病鱼长期无法摄食而消瘦。如洪湖碘泡虫寄生于异育银鲫咽喉（图 11-11 和图 11-12），导致病鱼无法摄食，鱼体消瘦，免疫力低下。

图 11-11　洪湖碘泡虫在异育银鲫咽喉形成的包囊

图 11-12　洪湖碘泡虫形成的巨大包囊

7）寄生于肠道引起肠道堵塞，病鱼失去摄食能力，形成"闭口病"。如九江头槽绦虫大量寄生于草鱼前肠导致肠道堵塞（图 11-13），鱼不摄食，体色发黑，消瘦，进而引起大量死亡。

图 11-13　九江头槽绦虫大量寄生在草鱼前肠导致肠道堵塞

8）寄生于眼球，引起眼球脱落、失明。如双穴吸虫寄生于白鲢眼球后（图 11-14），肉眼可见病鱼眼球内有数量不等的白点，随着感染的加剧，病鱼水晶体脱落、失明。

　　9）寄生于鳍条及鳞片下，引起鳞片竖立及性腺发育不良。如嗜子宫线虫寄生于鲤尾鳍（图11-15），可见尾鳍内有数量不等的红色虫体，影响病鱼的性腺发育，引起产卵不遂等问题。

图11-14　双穴吸虫寄生后的白鲢眼球　　　　　　图11-15　锦鲤尾鳍中的嗜子宫线虫

　　10）寄生于鱼的体表，形成大小不一的包囊（图11-16），导致病鱼游动能力下降，摄食减少，生长速度不均匀。如武汉单极虫寄生于异育银鲫体表后形成数量不等、突出于体表的包囊（图11-17），病鱼运动能力下降，摄食减少，个体大小不一。

图11-16　吉陶单极虫在鲤体表形成的巨大包囊　　　图11-17　武汉单极虫在异育
银鲫体表形成的包囊

　　11）寄生于口腔中（图11-18），引起病鱼摄食减少或不摄食。如锚头蚤寄生于草鱼、江团口腔中，口腔内可见大量针状虫体，引起病鱼拒食。

　　12）寄生于脑内，引起病鱼游动异常。如鲢碘泡虫寄生于白鲢、花鲢的脑内，病鱼外观消瘦（图11-19）、不摄食，长期在水中疯狂游动，俗称"疯狂病"。

图 11-18　寄生于江团口腔中的锚头蚤

图 11-19　感染鲢碘泡虫的花鲢外观消瘦

**2. 处理建议**

综上，寄生虫对鱼类健康的危害很大，有些寄生虫即便少量寄生，也会对鱼类造成很大的伤害。鉴于寄生虫破坏鱼体形成的伤口是细菌入侵的重要途径，且可能引起鱼类摄食减少，药饵无法足量摄入等情况，在治疗细菌与寄生虫混合感染时，往往需要先处理寄生虫。根据杀虫剂的毒性、效果与水温的关系，治疗的处方在不同温度时稍有差异。

（1）低温季节　水温低的养殖季节，鱼类摄食少甚至不摄食，药饵难以有效摄入鱼体，寄生虫与细菌混合感染时应以外用治疗的方式为主，具体是：将 1 次杀虫剂的剂量分为 2 次使用（原因是低温期杀虫剂挥发慢，高浓度使用对水生动物的危害大，易引起中毒），在晴天的上午第 1 次使用总量的 70%，1 小时后使用剩下的 30%，隔天根据水质状况及鱼体体质状况全池泼洒合适的消毒剂，隔天再泼洒 1 次。

（2）高温季节

1）外用：根据寄生虫的种类及鱼类对杀虫剂的敏感性不同，选择合适的杀虫剂在晴天上午充分稀释后全池均匀泼洒，根据寄生虫感染强度及对杀虫剂的耐药性，需要时隔天再泼洒 1 次，隔天结合水质状况（主要是藻类数量、有机质数量和溶解氧状况）选择合适的消毒剂外泼，隔天再用 1 次。

2）内服：根据细菌性疾病的种类选择敏感抗生素拌料投喂，投饵时应保证合适的投喂量以保证药饵的足量摄入，从而达到快速治愈效果。

**3. 治疗中的风险点**

1）杀虫剂主要是具有胃毒作用的杀虫剂（如敌百虫）会影响鱼类摄食，导致 3~5 天内抗生素无法有效摄入，影响细菌病的治疗效果。

2）鱼发生寄生虫病后养殖户主动降低投饵率，减少投喂量。这样的做法导致抗生素摄入不足，影响治疗效果。

3）未处理寄生虫就直接治疗细菌病。这样做使引起细菌病的原发因素没有消除，鱼病治愈难度大且易复发。

## 二、细菌与病毒混合感染

在苗种带毒（即养殖户购买的鱼、虾、蟹苗已经携带了病毒）（图 11-20）的大背景下，多个养殖品种都有危害严重的病毒性疾病，细菌与病毒混合感染的情况比较普遍，治疗细菌与病毒混合感染时，应该先确定一些信息。

### 1. 需提前了解的信息

（1）**哪个因素引起的死鱼更多**　厘清疾病发生的主要因素，快速降低死亡量是鱼病防治中的基本要求。多病原混合感染时应先确定引起疾病发生的主要因素、病原种类及引起鱼类死亡的主要病原，为后续的治疗方案打下基础。

（2）**近3天死鱼数量的变化趋势，以确定疾病的病程**　死鱼的数量处于快速上升期（图11-21）或平稳期（图11-22）的治疗思路是完全不一样的，因此治疗前需要了解近3天死鱼数量的变化趋势。

图11-20　携带弹状病毒的加州鲈苗在溶解氧低下时病毒病暴发

图11-21　发病高峰期鱼类大量死亡

图11-22　发病后期死鱼数量不断减少

（3）**水质状况及溶解氧含量**　病毒病在溶解氧含量低下时会快速暴发，因此水质状况尤其是溶解氧含量高低及稳定对于病毒病的防控有着重要的意义，制定治疗方案时需结合天气预报及水质变化预判未来5天的溶解氧变化趋势，为后续的治疗方案打下基础。

持续的阴雨天气（图11-23）发病且死亡量较大时，能控制病毒性疾病的概率较低，应考虑及时出售以降低损失。

### 2. 处理建议

图11-23　连绵阴雨天气病毒性疾病治疗难度极大

（1）**死鱼快速上升时**　立刻停料，停用所有外用杀虫剂、消毒剂及耗氧的调水制剂，勤开增氧机，以稳定水质、维持溶解氧含量充足稳定为工作重点。

（2）**死鱼平稳且以病毒感染为主时**　内服为主。建议投喂优质饲料，并在饲料中足量添加免疫增强剂和维生素，以提升鱼的体质，强化机体免疫力；确保溶解氧含量充足稳定，避免水质剧烈变化。

（3）死鱼平稳且以细菌感染为主时　内服为主。建议投喂优质饲料，并在饲料中足量添加敏感抗生素、免疫增强剂及维生素，在治疗细菌病的同时提升鱼的体质。禁止使用杀虫剂、刺激性消毒剂，避免水质剧烈变化。

### 3. 治疗中的关键点

1）发生病毒病的池塘，治疗时切勿泼洒杀虫剂，否则极有可能短期内引起暴发性死亡。

2）病毒病引起死鱼快速上升时，切勿全池泼洒杀虫剂、消毒剂（包括碘制剂）及耗氧的调水制剂。

3）发生病毒病的池塘，使用调水制剂时应遵循少量、多次的原则，避免一次大剂量使用调水制剂后因耗氧导致溶解氧含量低下，引起病毒的快速增殖从而导致病毒病暴发。

4）发生病毒病的池塘，不可大量增加投饵量，也不可长期不投喂，以上2种情况均可能诱使病毒病的暴发。

## 三、细菌与真菌混合感染

鱼类的真菌性疾病不多，主要是水霉病、鳃霉病、丝囊霉菌病等，其中水霉病往往与细菌性疾病并发，共同对鱼类造成伤害。水霉病发生的基本条件是：水体有霉菌、体表存在伤口及免疫力低下，体表伤口（图11-24）是水霉病（图11-25）发生的必要条件，因此在治疗水霉病后还需愈合伤口，才能防止水霉病的复发。

图11-24　柱状黄杆菌引起斑点叉尾鮰体表黏液脱落形成斑块

图11-25　斑块处继发水霉感染

因水霉病发病水温低，鱼类摄食少，治疗应以外用的方式为主，具体是先治疗真菌，然后治疗细菌。

治疗方案：第1天，晴天的上午使用五倍子末（100~150克/亩）+盐（4~5千克/亩）混匀后全池泼洒，水霉病严重的池塘可再用1次，然后使用优质的碘制剂泼洒2~3次，每次间隔1天。

## 四、寄生虫与病毒混合感染

寄生虫与病毒混合感染是较难处理的感染方式，主要原因是发生病毒病的池塘全池泼洒杀虫剂后病毒病暴发的概率极高。

分为以下情况：

### 1. 纤毛虫类寄生虫与病毒混合感染（图 11-26）

这是寄生虫与病毒混合感染中相对较好的一种情况。在死鱼数量稳定时，可通过驱虫类中草药如苦参末全池泼撒治疗纤毛虫病，其他治疗细节参照病毒性疾病治疗的标准化的内容；在死鱼量快速上升时，禁止外泼杀虫剂、消毒剂，视情况使用有机酸优化水环境，降低池水中有机质含量，从而控制纤毛虫的感染，待死亡量下降至稳定后再处理纤毛虫。

### 2. 甲壳类寄生虫与病毒混合感染

这是寄生虫与病毒混合感染中治疗难度最大的一种情况。在死鱼量稳定、尚可投料时，

图 11-26　同时发生车轮虫病、鲤疱疹病毒病的鲤

可通过在投饵区用敌百虫挂袋的方式控制甲壳类寄生虫数量，切不可全池泼洒杀虫剂治疗甲壳类寄生虫，否则可在短期内引起暴发性死亡；在死鱼量快速上升而甲壳类寄生虫大量寄生时，能够控制病情的概率极低，应尽快出售以降低损失，考虑到锚头蚤、鱼虱寄生后在鱼体形成的大量红点会影响鱼的卖相，可全池泼洒高效杀虫剂以杀灭锚头蚤、鱼虱，并同时联系销售事宜，在杀虫后的第 3 天即刻拉网、捕捞、出售，否则极有可能引起巨大损失。

### 3. 体内寄生虫与病毒混合感染

这是寄生虫与病毒混合感染中治疗难度中等的情况。在死鱼量稳定、尚可投料时，可根据体内寄生虫的种类在饲料中添加如阿苯达唑、吡喹酮等药物进行治疗，其他注意事项参照病毒病治疗的标准方法；在死鱼量快速上升时，立即停料，待死鱼量下降到稳定后从正常投饵量的 1/3 恢复投喂，同时在饲料中添加敏感驱虫剂以驱除体内寄生虫，其他注意事项参照病毒病治疗的标准方法。

## 五、真菌与病毒混合感染

真菌与病毒混合感染一般发生在冬、春季，水温较低，若不做过激处理，一般死亡量不会太大。治疗时应以控制真菌病为主，具体治疗方案建议如下：

晴天的上午，使用五倍子末 + 盐兑水稀释后全池泼洒，水霉病严重时连用 2 次，隔天用优质碘制剂泼洒，隔天再用 1 次。

注意事项：

1）勿用硫醚沙星治疗水霉病。越冬期鱼类摄食少甚至不摄食，体质虚弱，使用硫醚沙星可能在短期内引起体弱的鱼暴发性死亡。

2）外用消毒剂只能使用碘制剂。其他如氯制剂、表面活性剂、醛类包括二氧化氯、漂白粉、苯扎溴铵、戊二醛等使用后都可能加剧病毒病的发展，引起暴发性死亡。

## 六、寄生虫与真菌混合感染

寄生虫（图 11-27）与真菌（图 11-28）混合感染时一般真菌是造成鱼类死亡的主要因素，寄生虫通过破坏黏液、鳃丝及体表完整为真菌的感染提供入侵途径。因此寄生虫与真菌混合感

染时，若已经大量死鱼，应先治疗真菌，之后再治疗寄生虫；若尚未出现死鱼，则应先治疗寄生虫，再治疗真菌和体表的伤口。

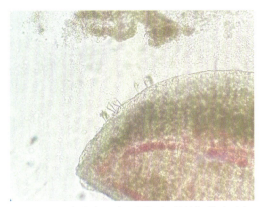

图 11-27　寄生在斑点叉尾鮰鳃丝的杯体虫破坏鳃丝正常结构

图 11-28　杯体虫寄生处继发水霉感染

低温期危害较大的寄生虫有双穴吸虫、中华蚤、锚头蚤及纤毛虫（主要是杯体虫、车轮虫）。对于双穴吸虫、中华蚤、锚头蚤的防控应在上一年 10 月底、11 月初对鱼体开展标准化的检查，对发现的寄生虫及时处理，以免带虫越冬。若在越冬期发现寄生虫，可按照推荐治疗剂量准确计算杀虫剂用量，在晴天的上午第 1 次泼洒总量的 70%，1 小时后泼洒剩下的 30%，以降低杀虫剂过量导致鱼类中毒的风险。

## 七、细菌、寄生虫与病毒混合感染

多病原混合感染处理难度最大，病情控制的概率极低，在价格合适时应尽早出售。若因规格偏小、价格低迷等因素无法出售而必须治疗时，治疗前应充分认识到此种情况治疗的难度和复杂性，并做好大量死鱼的心里预期。

（1）**死亡量平稳时**　投喂优质饲料，降低投饵量至正常量的 2/3，同时在饲料中足量添加免疫增强剂、维生素及丁酸梭菌等，保证合理、充足的营养供给，促进营养物质的吸收，提升体质从而提升抗病力，降低大量暴发的风险。待水温至病毒病发生的敏感温度范围外，再根据具体情况开展后续工作。

（2）**死亡量快速上升时**　立即停止投料，停止使用外用消毒剂（包括碘制剂）、杀虫剂及耗氧的调水制剂。待死鱼量下降到稳定后，从正常投饵量的 1/3 开始投喂，并在投饵区用广谱、低毒的杀虫剂挂袋，挂袋第 2 天外用 1 次五倍子末（100~150 克 / 亩）加盐（3~4 千克 / 亩），同时在饲料中足量添加敏感抗生素、免疫增强剂及维生素投喂 5~7 天。若通过以上操作死亡量缓慢下降并稳定至能够承受的数量，则继续保守治疗；若通过以上方法处理后死亡量仍较大，则立即卖鱼以降低损失。

# 附 录

## 一、渔药选择的标准化

渔药是渔医的武器，是鱼病防治的重要抓手，渔药选择、使用的正确与否直接决定着鱼病防控的效果。渔药的选择应建立在详细了解渔药的种类及治病原理的基础上。

### 1. 常用的消毒剂及选择

**（1）醛类**

① 福尔马林（40% 甲醛溶液）：对细菌、真菌、病毒和寄生虫均有杀灭作用。对皮肤和黏膜的刺激性很强，有致畸变作用，会引起鳃组织发炎，对浮游生物影响很大，可明显降低水的溶解氧含量，使用后要防止缺氧。鉴于其强烈的副作用应慎用或尽量减少使用。

② 戊二醛：常与季铵盐溶液复配后用作消毒、杀菌。在 pH 7.5~8.5 时对细菌作用最强，pH 超过 9 时，效果大大降低。主要用于养殖环境及养殖工具消毒。低温期勿大量使用，否则会导致整个养殖周期藻类生长缓慢，肥水困难。

**（2）酸类** 醋酸（冰醋酸）：为杀菌剂、杀虫剂和水质改良剂，此外还可调节池水 pH。氨氮中毒、三毛金藻中毒后，可使用。

**（3）卤素类**

① 漂白粉：主要用作清塘剂，杀藻剂，使用 3 天后药性基本消失，可试水放苗。在酸性环境中杀菌作用强，在碱性环境中作用弱，暴露在空气中易吸水和 $CO_2$ 而失效，使用剂量为：防治（1 毫克 / 升）；清塘（30~50 毫克 / 升）。

② 强氯精（三氯异氰尿酸）：对鳃丝刺激较大，一般不用于鳃部疾病的处理，对藻类影响较大，池塘藻类较少、水质不稳定时慎重使用。不能与酸、碱类物质混存，不要与金属器皿接触，药液现用现配，以晴天上午或傍晚施药为宜。

③ 二氧化氯：广谱杀菌消毒剂、水质净化剂，通过释放氯气形成次氯酸从而对各种病原起到杀灭作用。以缓释、反应温和，投放后数分钟后水变成黄绿色的为佳；兑水时反应剧烈，有大量黄绿色气体逸出的因有效成分散失，效果较差。

④ 聚维酮碘（第一代碘制剂）：广谱消毒剂，对病毒、细菌有良好杀灭作用，毒性低，作用持久，有机质含量对其效果影响较大。

⑤ 络合碘（第二代碘制剂）：对病毒、细菌有良好杀灭作用，药性较聚维酮碘更温和，常用于鳃部疾病的处理。

⑥ 复合碘（第三代碘制剂）：低浓度即可杀灭病毒、细菌等病原，能渗入池底、污泥、粪便及其他有机物内，药效不受有机质、光线、pH 的影响。为碘制剂中最温和的品种，可用于各种病毒性疾病的处理。

（4）**氧化剂** 高锰酸钾（属于易制爆物品，已经严格管控）：强氧化剂，遇有机物即释放初生态氧从而起到杀菌作用，常用于水箱消毒、鱼苗饵料的消毒、水族类细菌性疾病的处理，在浸泡时需注意控制浓度，避免对鳃造成伤害。

浸泡的用量用法为20~40毫克/升，15分钟~1小时，全池泼洒的用量用法为0.2~2毫克/升。

（5）**石灰类** 生石灰：主要成分为氧化钙，常用于水质恶化引起的细菌性败血症的防控，也可用于清塘，清塘剂量为175~250千克/亩，水质调节的剂量为10~20千克/亩。

（6）**表面活性剂** 苯扎溴铵：阳离子表面活性剂，对各种细菌具强杀伤力，对病毒效果较差；忌与碘制剂、过氧化物等配伍。可用于细菌性疾病的治疗；鳃丝黏液较多时，低剂量可促进鳃丝脱黏，提高杀虫剂的效果；对纤毛虫等也有杀灭作用。

（7）**其他常用消毒剂**

① 二硫氰基甲烷（杀菌红）：杀藻杀菌的化学药物，常用于暴发性细菌病的处理。

② 硫醚沙星（主要用于真菌的处理）：既能杀灭水体的病原，又能渗透到鱼类表皮中杀灭病原，且能刺激表皮细胞增生，促进皮肤组织修复。水体 pH 大于 8.5 时效果下降。

（8）**消毒剂的选择** 消毒剂的选择要结合病症部位、体质状况、水质状况、溶解氧情况、摄食状况进行。

1）根据病灶部位及病原种类进行选择。

① 鳃部病变（烂鳃病）：使用碘制剂，其他如氯制剂、表面活性剂、醛类等慎用。

② 体表病变：都可选择。

③ 鳍条病变：都可选择。

④ 病毒性疾病：使用碘制剂，其他消毒剂慎用。

⑤ 细菌性疾病：所有消毒剂均可使用，具体选择时应结合水质状况、溶解氧状况、鱼体体质状况综合判断。

2）根据鱼体的体质状况进行选择。

① 体质好——摄食正常、肝胰脏状态正常：都可选择。

② 体质差——长期未摄食、肝胰脏病变：选择碘制剂。

3）根据水质状况进行选择。

① 溶解氧：溶解氧不足时，表面活性剂、醛类慎用。

② 有机质：含量较高时，需加大各种消毒剂的使用量。

③ 藻类状况：藻类较少、水质清瘦时，表面活性剂、强氯精等慎用。

④ 温度：随着水温升高，消毒剂使用量应加大。

**2. 常用抗菌药及选择**

**（1）主要抗革兰氏阳性菌（G$^+$）的抗生素**

① 青霉素类：作用机理为抑制细菌细胞壁合成。

② 头孢菌素类：抗菌谱广，对酸和青霉素酶较稳定，毒性小，但价格昂贵。

③ 大环内酯类：作用机理为抑制蛋白质合成。

a. 红霉素：从红链霉菌的培养液中获得，作用与青霉素类似，适用于耐青霉素菌株。现在市面上大部分用于杀灭蓝藻的特效药可能含有红霉素，使用有风险。

b. 螺旋霉素：从链霉菌培养液中提取获得，临床常用乙酰螺旋霉素，其抗菌谱与红霉素类似，但作用较弱。

**（2）主要抗革兰氏阴性菌（G$^-$）的抗生素** 氨基糖苷类：作用机理为抑制细菌蛋白质合

成；对革兰氏阴性菌作用较强，某些种类对革兰氏阳性菌也有一定作用；内服不易吸收，主要用于肠道感染。

主要种类有：链霉素、庆大霉素、卡那霉素、丁胺卡那霉素（阿米卡星）和新霉素等。

**（3）广谱抗生素（抗菌谱广，对革兰氏阳性菌和革兰氏阴性菌、立克次体、衣原体等均有效）**

① 四环素类：抗菌机理为抑制蛋白质合成，细菌对本类药物耐药性严重。

a. 土霉素：广谱抗生素，多用作肠炎病的治疗。

b. 四环素：抗菌作用较土霉素强，内服吸收优于土霉素。

c. 金霉素（氯四环素）：作用与四环素类似，但对革兰氏阳性菌作用较强。

d. 强力霉素（多西环素）：作用较土霉素强 2~10 倍，内服吸收好，有效血药浓度维持时间较长。

② 氯霉素类：作用机理与四环素类似，杀菌机理为抑制细菌蛋白质合成。

a. 甲砜霉素：除日本外，欧盟和美国均已将其列为禁用药，体外抗菌作用较氯霉素稍弱，但口服后分布广，体内抗菌作用较强，其免疫抑制作用比氯霉素强 6 倍，在疫苗接种时应禁用。

b. 氟苯尼考：人工合成的甲砜霉素单氟衍生物，对肠道菌的抗菌活性好，对耐氯霉素和甲砜霉素菌株仍有高度抗菌活性。

③ 磺胺类：人工合成的广谱抗菌药，单独使用易产生耐药性，常与抗菌增效剂如 TMP（甲氧苄啶）等联用，作用机理为抑制细菌的生长繁殖。

a. 适用于全身感染的磺胺药有以下几种

磺胺嘧啶（SD）：内服吸收快，可通过血脑屏障，常与 TMP 配伍。

磺胺二甲氧嘧啶（SDM）：作用较 SD 弱，但不良反应小。

磺胺甲基异噁唑（新诺明，SMZ）：作用较强，常与 TMP 合用。

b. 适用于肠道感染的磺胺药。磺胺脒（SM）：内服极少吸收，在肠道可保持较高浓度。

④ 喹诺酮类：具喹诺酮结构的人工合成抗菌药，作用机制为抑制细菌 DNA 回旋酶活性，干扰 DNA 合成，与其他抗菌药无交叉耐药性。

a. 诺氟沙星（氟哌酸）：广谱杀菌药，内服吸收迅速，已停用。

b. 氧氟沙星（氟嗪酸）：广谱抗菌药，内服吸收好，药效优于诺氟沙星，已停用。

c. 环丙沙星（环丙氟哌酸）：抗菌作用较诺氟沙星强 2~10 倍，无公害水产品禁用。

d. 恩诺沙星：动物专用的喹诺酮类广谱抗菌药，仍可使用。

喹诺酮类药物特点与用药原则：①抗菌谱广、杀菌力强、毒副作用小；但对革兰氏阳性球菌的作用效果较差；②施药后体内分布广、注射和内服均易吸收；③属杀菌药物，主要用于治疗，一般不用于疾病预防；④安全范围广，但临床用量不宜过大（因超过最小杀菌浓度后随着药物浓度的升高，杀菌作用反而降低）；⑤利福平和氯霉素类药物均可使其作用降低，不宜配伍使用。

**（4）抗菌药的选择**

① 根据细菌革兰氏染色的类型选择：

a. 适用于革兰氏阳性菌感染的抗生素及配伍。磺胺类、头孢类、阿莫西林类、青霉素类、氟苯尼考＋强力霉素。

b. 适用于革兰氏阴性菌感染的抗生素及配伍。恩诺沙星、硫酸新霉素、氟苯尼考、强力霉素。

② 根据病灶部位选择：

a. 适用于全身性的细菌感染的抗生素。恩诺沙星、硫酸新霉素、氟苯尼考、强力霉素、阿莫西林、可肠道吸收的磺胺类。

b. 适用于消化道感染的抗生素。氟苯尼考、庆大霉素、针对肠道致病菌的磺胺类。

**3. 常用的外用杀虫剂及选择**

① 硫酸铜：主要治疗车轮虫、斜管虫等纤毛虫，对藻类也有杀灭效果。民间还有用硫酸铜治疗细菌性败血症的案例，部分地区养殖户在拉网前，也会用硫酸铜遍洒，收紧鳞片。

注意事项：对藻类影响较大，水质不佳，溶解氧不足，藻类生长不好的池塘慎用；病毒感染后慎用；常与硫酸亚铁合用。

影响因素：硫酸铜的毒性与温度（正相关）、pH（负相关）和有机质（负相关）有关。

② 硫酸亚铁：常与硫酸铜或敌百虫等合用，起增效作用，价格低，毒性低。

注意事项：二价铁为绿色，购买时需查看颜色；乌鳢对硫酸亚铁敏感，低剂量使用可引起乌鳢死亡。

③ 敌百虫：有机磷杀虫剂，可用于杀灭鱼类体表或鳃上的甲壳类和单殖吸虫，如锚头蚤、中华蚤、指环虫等，常与硫酸亚铁合用。

注意：虾蟹单养或混养的池塘不可使用；pH 超过 9 时禁止使用；养殖加州鲈、鳜等的池塘禁止使用；具胃毒功效，使用后可引起鱼类拒食；可内服驱虫，剂量为 125~150 克拌 40 千克的饲料。

④ 环烷酸铜：主要用于孢子虫病的治疗，常与阿维菌素（已停用）合用，连续泼洒 2~3 次，中间间隔 1 天。

⑤ 甲苯咪唑：高效、广谱、低毒的驱虫药物，常用于指环虫、三代虫等蠕虫的处理，口服吸收少，不良反应低。

注意事项：本品易形成耐药性，勿作为预防药物使用；可内服用于体内寄生虫的驱除。按正常用量会使胭脂鱼发生死亡；淡水白鲳、斑点叉尾鮰等无鳞鱼敏感，不可使用；各种贝类敏感。

⑥ 阿维菌素（已停用）：本品对体内外寄生虫特别是线虫和节肢动物均有良好驱杀作用，但对绦虫、吸虫及原生动物无效。

注意事项：属慢性杀虫剂，作用效果在用药后 3~5 天才能显现，对效果的验证需注意时间；乳油剂型的杀虫剂需在投料后半小时再行泼洒，池塘下风处少用或不用；温度下降期毒性增大，降温期慎用；一旦发生中毒后，及时大量换水。目前在水产养殖中已经不可使用。

⑦ 菊酯类杀虫剂（氯氰菊酯等）：触杀和胃毒，主要用于甲壳类寄生虫及蠕虫的治疗，本品对鱼体刺激较大，若超量使用，可导致鱼异常跳跃。

注意事项：虾、蟹极为敏感，低剂量对虾有强兴奋作用，抓虾时常在池边低剂量泼洒（此做法不对），低温期对白鲢、鲫的毒性较大。

⑧ 硫酸锌：具有收敛与抗菌作用，用于治疗甲壳类动物的纤毛虫病。

注意事项：海水贝类慎用，有可能致死，特别注意用后增氧。

⑨ 代森铵（已禁用）：属农药，主要用于纤毛虫等处理。

注意事项：已禁用；不可用于鳜；用后易缺氧，应注意增氧。

⑩ 辛硫磷：有机磷杀虫剂，用于治疗鱼类、甲壳类寄生虫病。易降解，对环境污染小，遇碱易分解而失去杀虫活性。对淡水白鲳、鲷毒性大，也不得用于大口鲇、黄颡鱼等无鳞鱼。

### 4. 内服驱虫药及选择

① 百部贯众散：可用于孢子虫等原虫的预防及治疗，每天内服 1 次，连喂 5~7 天。

② 槟榔雷丸散：内服可用于体表及体内多种寄生虫的防控。

③ 青蒿素类：主要用于原虫如小瓜虫、车轮虫等的治疗。

④ 盐酸左旋咪唑：广谱驱虫药，可用于指环虫病、车轮虫病、三代虫病等体外寄生虫疾病的治疗，也可用于体内孢子虫的防控，还是免疫增强剂。

⑤ 敌百虫：可内服用于体表及体内寄生虫的防控，每天投喂 1 次，连用 3 天。

注意事项：溶解时需将未溶解的药渣丢弃，敌百虫可能会造成脂肪代谢出现短期障碍，导致体色发黄等，停药后可自行恢复。

⑥ 吡喹酮：用于绦虫和吸虫的治疗，团头鲂对其敏感，有团头鲂的池塘不可投喂。

⑦ 阿苯达唑：主要用于线虫、吸虫及绦虫的治疗，每天 1 次，连续投喂 3 天。具胚胎毒性和致畸作用，繁殖期内的水生动物不宜使用。

⑧ 盐酸氯苯胍：主要用于孢子虫等的治疗，添加剂量以原粉计每吨饲料添加 0.6 千克，每天 1 次，连用 5~7 天，可跟盐酸左旋咪唑、百部贯众散、磺胺等一起投喂。

注意事项：盐酸氯苯胍毒性较大，超量投喂会引起鲫死亡；本药易形成耐药性，不可作为预防药物使用。

⑨ 地克珠利：主要用于孢子虫病的防控。通常跟盐酸氯苯胍、盐酸左旋咪唑等一起添加于饲料中用于孢子虫的防治，常用含量为 5% 的预混剂。

### 5. 抗真菌药及选择

① 制霉菌素：广谱抗真菌，口服后不易吸收，血药浓度极低，对全身真菌感染无治疗作用。

用于水霉病、鳃霉病、鱼醉菌病、流行性溃疡综合征、镰刀菌病等的治疗。

② 克霉唑：可内服的人工合成的咪唑类药物，广谱抗真菌，对深、浅部真菌均有良好作用。毒性小，内服易吸收，但仅为抑菌药，停药过早易引起复发。用于防治水生动物全身性和深部的真菌感染，对鱼、卵的真菌病效果明显。

③ 硫醚沙星：丙烯基二硫醚与丙烯基三硫醚的复合化合物，对皮肤组织有再生激活作用，能很好地促进皮肤修复，主要用于处理体表伤口。

④ 五倍子末：对水生动物的肝脏有很强的损伤作用，宜外用不宜口服。具抗革兰氏阳性和阴性菌的作用；对皮肤、黏膜、溃疡等有良好的收敛作用；对表皮真菌有一定的抑制作用，能加速血液凝固。

### 6. 免疫增强剂及选择

① 葡聚糖：能激发补体、溶菌酶及巨噬细胞的活性，增强鱼虾抗细菌、病毒等感染的能力。

② 肽聚糖：可提高水生动物的抗病力，包括有效降低条件致病菌感染引起的死亡。

③ 酵母细胞壁：可提高动物抗病力和增强食欲，促进生长。

④ 脂多糖：可提高机体的非特异性免疫功能，增强养殖水生动物抗菌、抗病毒活性。

⑤ 盐酸左旋咪唑：内服驱虫药，也是免疫增强剂。

⑥ 黄芪多糖：免疫促进剂或调节剂，同时具有抗病毒、抗肿瘤、抗衰老、抗辐射、抗应激、抗氧化等作用。

免疫增强剂大多价格较高，市面上的产品价格差异较大，选择品牌企业生产的产品为好。

需要注意的是三黄粉具抗菌功效、可伤肝、破坏肠道菌群；高浓度大蒜素可破坏红细胞，破坏消化道菌群平衡，影响营养吸收。鱼体健康时，勿长期高剂量投喂三黄粉、大蒜素。

对于杀虫剂、消毒剂、抗菌药等的选择时，可通过国家兽药综合查询 APP（图 A-1）查询真伪，对欲购产品的生产企业、GMP 文号、批准文号等进行查询，选择正规企业的药物更有保障。

图 A-1 国家兽药综合查询 APP

## 二、渔药使用的注意事项

### 1. 杀虫剂使用的注意事项

（1）杀虫剂的选择 杀虫剂的选择跟寄生虫的种类及寄生部位、摄食状况、水质状况、发病情况等结合起来。主要原则：①不要对鱼的摄食造成影响（敌百虫等泼洒后会导致鱼类拒食）；②不要诱使其他疾病发生（使用治疗锚头蚤的专用药物后，极可能诱发大红鳃病的发生）；③不要对体质造成影响（敌百虫等会影响脂肪代谢，导致脂肪浸润）；④不要对水质造成大的破坏，导致溶解氧下降；⑤不要加剧已经发生的疾病（外用杀虫剂会导致初期阶段的病毒性疾病快速暴发）；⑥不要超量使用，避免造成中毒（杀虫剂应在投饵后半个小时泼洒为好，泼洒前应打开增氧机，促进药物溶散，乳油剂类杀虫剂在池塘下风处少用或不用；内服药物应精确计算剂量，充分溶解，过滤后均匀拌饵，阴干半小时后再投喂）。

**（2）杀虫剂的常见使用方法** ①全池泼洒（适用于大部分寄生虫的处理）；②沿池边喷洒（主要用于杀灭过多的浮游动物），清晨沿池塘四周在离岸 1~1.5 米处用敌百虫溶液喷洒，鱼怪幼虫也可通过此方法处理）；③投饵台挂袋（主要用于寄生虫的预防及少量寄生时的治疗），投饵前 10 分钟每个投饵台挂 3 个药袋，将投饵区包围其中，每天 1 次，连挂 3 天；④内服。

### 2. 消毒剂使用的注意事项

**（1）鱼体生病后的病症主要位置与消毒剂的选择**

① 鳃部（烂鳃病）：使用碘制剂，其他如氯制剂、表面活性剂、醛类慎用。

② 体表：都可选择。

③ 鳍条：都可选择。

**（2）鱼体的体质状况与消毒剂的选择**

① 体质好：如果摄食正常、肝胰脏状态正常，都可选择。

② 体质差：如果长期未摄食、肝胰脏病变，可选择碘制剂。

**（3）水质相关因素与消毒剂的选择**

① 溶解氧：溶解氧不足时，表面活性剂、醛类慎用。

② 有机质含量：需加大使用量。

③ 藻类状况：藻类较少，水质清瘦时，表面活性剂、强氯精等慎用。

④ 温度：温度越高，使用量越大。

**（4）消毒剂使用的误区**

① 对于消毒剂毒性没有清晰认识。鱼池发病后，为了控制疾病，快速降低死亡量，养殖户一般会选择药性比较猛的药物，比如细菌性败血症发生后，一般会选择苯扎溴铵或者戊二醛甚至是合剂一起泼洒，而苯扎溴铵对于水质的影响较大，在水质不好的鱼池使用可能导致藻类死亡，引起更大规模疾病的暴发。碘制剂作为温和的消毒剂被大量使用在各种细菌性疾病的治疗上，养殖户认为其药性温和，泼洒时可能不太均匀，导致局部浓度过高，也会引起鱼类的死亡。

② 价格对于药物的选择影响很大。同样的碘制剂，标注的含量为 2%~99%，500 毫升包装的价格从 10 元到 80 元不等。大部分时候，养殖户会选择价格便宜的药物，明知某品牌的某种消毒剂含量低，但是认为只要使用就多少会有效。不少小型渔药加工企业利用了养殖户贪便宜的心态，生产、销售红火。而养殖户又无法在短时间内对这些药物的效果进行考证，因而给有效成分含量不足的药物甚至是假药生产商的生存留下了空间，极大影响了疾病的防治效果。

③ 消毒剂的副作用没有被明确。不少有剧毒甚至对环境影响很大的药物仍被使用于养殖中，如甲醛被认为有很强的致癌作用，在家装中作为重点指标被严密监测，但是在水产养殖中，仍出现整瓶、整箱的甲醛被使用到苗种或者成鱼的养殖中，养殖废水被随意排放，对环境的影响很大。戊二醛残留较久，在养殖前期大量使用后会导致肥水困难。

消毒剂的选择是一件科学且严谨的事情，选择合适的药物，选择正规企业的药物，选择合适的剂量，都是治愈疾病的保证。

### 3. 抗菌药使用的注意事项

**（1）抗生素的作用方式及相关概念**

① 局部作用：药物在吸收入血液以前在用药局部产生的作用，如庆大霉素不能在肠道被吸收，只能对肠道产生作用。

② 全身作用：药物经吸收进入全身循环后分布到作用部位产生的作用，恩诺沙星在肠道

可很好地被吸收，经血液循环到达病灶部位，治愈疾病。

③ 副作用：常用治疗剂量时产生的与治疗无关的作用或危害不大的不适反应，副作用是可预见的，但很难避免。泼洒敌百虫后导致鱼类拒食，即敌百虫使用的副作用。

④ 毒性反应：用药量过大或用药时间过长而引起的不良反应，如长期服用抗生素导致肝胰脏变黄。

⑤ 继发性反应：停药后原有疾病加剧的现象。

**（2）与投喂剂量相关的几个概念**

① 无效量：药物剂量过小，不产生任何效应（误认为低剂量投喂抗生素可以预防细菌性疾病就属于此）。

② 最小有效量：能引起药物效应的最小药物剂量（根据鱼体体重计算药物剂量更加科学）。

③ 最小中毒剂量：使生物机体出现中毒的最低剂量（抗生素使用过量也会导致中毒甚至死亡，需根据说明书进行添加，勿盲目加量）。

④ 致死量：使生物出现死亡的最低剂量。

⑤ 吸收：指药物从用药部位进入血液循环的过程。药物吸收的快慢或难易受药物理化性质、浓度、给药方式等因素影响（盐酸恩诺沙星跟乳酸恩诺沙星的吸收差异）。

⑥ 生物转化：药物在体内经化学变化生成更有利于排泄的代谢产物的过程，主要生物转化器官为肝胰脏，因此长期投喂抗生素的鱼的肝胰脏压力较大。

**（3）影响药物作用的因素**

① 药物方面的因素：

a. 药物的化学结构与理化性质。例如，氟苯尼考属于氯霉素类的抗生素，改变结构后抑菌效果更好，毒性更低，更加安全。

b. 药物的剂量。药物剂量会直接影响药物的效果，一般情况下，在有效范围内药物使用剂量越大，药物效果越好，但是需注意药物剂量过大可能引起的中毒等不良反应。

c. 药物的剂型。例如，磺胺类抗生素由粉剂变为混悬剂后，溶解性、吸收性大幅增加，对细菌性疾病的治疗效果显著增强。

d. 药物的储藏与保管。如漂白粉接触二氧化碳、光、热易失效。

e. 药物的相互作用。如协同（辅药）和拮抗，氟苯尼考跟维生素C一起拌服会产生拮抗作用，降低氟苯尼考的药效。

② 给药方法方面的因素：

a. 给药途径。口服、注射、浸泡等。

b. 给药时间。给药的目的是让尽量多的鱼摄入药饵，应在摄食最好时给药。

c. 用药次数与反复用药。主要跟有效血药浓度持续的时间有关，如恩诺沙星每天需投喂2次，氟苯尼考每天需投喂1次。

③ 动物方面的因素：

a. 种属差异。如淡水白鲳、鳜鱼和虾对敌百虫敏感。

b. 生理差异。不同年龄、性别的动物对药物敏感性存在差异（鱼苗剂量减半）。

c. 个体差异。同种动物的不同个体之间对药物敏感性存在差异，主要是体质的差异导致对药物的耐受力的差异。

d. 机体的机能和病理状况。如肝功能障碍等影响药物敏感性。

④ 环境方面的因素：

a. 水温和湿度。药效一般与温度呈正相关，温度升高 10℃，药效提高 1 倍（也有例外）。

b. 有机物。水体中有机物会影响药效，一般有机物含量高时需加大药物剂量。

c. 酸碱度。酸性药物、阴离子表面活性剂和四环素等在碱性水体中作用弱；碱性药物、磺胺类药物和阳离子表面活性剂随 pH 升高药效增强。

d. 其他。如溶解氧、光照等，维生素类拌好后需及时投喂，勿在阳光下暴晒。

**（4）抗菌药使用中需重点关注的问题**

① 细菌的敏感性，应对症用药。

② 考虑肠道吸收性，局部还是全身作用。

③ 最低有效血药浓度，与药物的剂量有关。

④ 有效血药浓度持续的时间，即每天投喂几次。

# 参考文献

［1］农业部《新编渔药手册》编撰委员会.新编渔药手册［M］.北京：中国农业出版社，2005.

［2］袁圣，等.鱼病标准化防控彩色图解［M］.北京：化学工业出版社，2022.

［3］袁圣，赵哲，等.鱼病快速诊断与防治彩色图谱［M］.北京：化学工业出版社，2023.

［4］袁圣，赵哲，等.养鱼养虾先养水：实用水质调控技术［M］.北京：中国农业出版社，2023.

［5］袁圣，王大荣，陈辉，等.浅析渔药使用的误区［J］.水产前沿，2016（10）：98-99.

［6］袁圣，王大荣，李军，等.如何快速区分鱼类细菌病和病毒病［J］.水产前沿，2016（7）：87.

［7］袁圣.阿维菌素中毒［J］.海洋与渔业，2016（9）：48.

［8］袁圣.浮游动物过多引起的浮头［J］.海洋与渔业，2016（5）：50.

［9］袁圣.钩介幼虫病［J］.海洋与渔业，2016（10）：52.

［10］袁圣.鲤鱼淋巴囊肿病［J］.海洋与渔业，2016（2）：69.

［11］袁圣.看图识病　白皮病［J］.海洋与渔业，2016（12）：50.

［12］袁圣.鳜鱼虹彩病毒病［J］.海洋与渔业，2017（11）：60.

［13］袁圣.弯体病［J］.海洋与渔业，2016（3）：47.

［14］袁圣.中华鳋病［J］.海洋与渔业，2016（11）：49.

［15］袁圣，章晋勇，陈辉，等.微山尾孢虫病的防治［J］.海洋与渔业，2017（7）：58.

［16］袁圣.鲤鱼痘疮病［J］.海洋与渔业，2017（3）：54.

［17］袁圣，彭卫，王大荣.近期鲫鱼养殖中亟需关注的几个细节［J］.水产前沿，2018（6）：77-78.

［18］袁圣，薛晖，陈辉.如何正确寻找水生动物病害的病因［J］.水产前沿，2020（6）：74,77.

［19］袁圣，厉成新，陈辉.鱼病即将进入流行期，谨防越冬综合征［J］.水产前沿，2020（3）：102-105.

［20］袁圣，赵哲，章晋勇，等.鱼体体表检查的标准化［J］.水产前沿，2021（3）：51-53.

［21］袁圣，赵哲，章晋勇，等.鳃丝镜检的标准化［J］.水产前沿，2021（4）：49-51.

［22］袁圣，赵哲，章晋勇，等.鱼体内脏检查的标准化［J］.水产前沿，2021（5）：52-53.

［23］袁圣，赵哲，章晋勇，等.鱼体检查时的注意事项［J］.水产前沿，2021（6）：55-56.

［24］袁圣，赵哲，薛晖.回归养殖本身才能从根本上降低疾病的发生［J］.水产前沿，2021（1）：66-67.

［25］袁圣，刘冉，孙永军.鱼类常见寄生虫病的治疗要点［J］.科学养鱼，2021（12）：53-55.

［26］袁圣，韦振娜，王卓铎，等.粤西等地金鲳链球菌病发病原因及防控建议［J］.科学养鱼，2021（9）：54-55.

［27］袁圣.浅谈鱼病防控支撑体系的几点思考［J］.科学养鱼，2022（8）：3-4.

［28］袁圣，赵哲，郝凯，等.关于异育银鲫鳃出血病的防控建议［J］.水产前沿，2022（11）：71-72.

［29］袁圣，赵哲，郝凯，等.鱼病治疗逻辑之准确诊断［J］.水产前沿，2022（12）：83-85.

［30］袁圣，赵哲，郝凯，等.鱼病治疗逻辑之开具处方［J］.水产前沿，2023（1）：68-71.

［31］袁圣，赵哲，郝凯，等.鱼病治疗逻辑之选择合适的药物［J］.水产前沿，2023（2）：68-69.

［32］袁圣，赵哲，郝凯，等.鱼病治疗逻辑之药物的科学使用［J］.水产前沿，2023（3）：62-63.

［33］袁圣，赵哲，郝凯，等.鱼病治疗逻辑之细菌性疾病预防的标准化［J］.水产前沿，2023（6）：69-71.

［34］袁圣，赵哲，郝凯，等.鱼病治疗逻辑之病毒性疾病预防的标准化［J］.水产前沿，2023（8）：88-91.

［35］袁圣，赵哲，郝凯，等.鱼病治疗逻辑之寄生虫疾病预防的标准化［J］.水产前沿，2023（10）：82-84.

［36］袁圣，王中清，王海洋.斑点叉尾鮰、黄颡鱼等无鳞鱼病害防控技术［J］.科学养鱼，2023（7）：53-55.